Paul Friedrich Immanuel Vogt

Die Nerven-Dehnung als Operation in der chirurgischen Praxis

Paul Friedrich Immanuel Vogt

Die Nerven-Dehnung als Operation in der chirurgischen Praxis

ISBN/EAN: 9783743426016

Hergestellt in Europa, USA, Kanada, Australien, Japan

Cover: Foto ©berggeist007 / pixelio.de

Manufactured and distributed by brebook publishing software
(www.brebook.com)

Paul Friedrich Immanuel Vogt

Die Nerven-Dehnung als Operation in der chirurgischen Praxis

DIE NERVEN-DEHNUNG

ALS

OPERATION IN DER CHIRURGISCHEN PRAXIS.

EINE EXPERIMENTELLE UND KLINISCHE STUDIE

VON

Dr. PAUL VOGT,

A. Ö. PROFESSOR DER CHIRURGIE AN DER UNIVERSITÄT GREIFSWALD.

MIT 10 HOLZSCHNITTEN UND 1 TAFEL.

LEIPZIG,

VERLAG VON F. C. W. VOGEL.

1877.

PROF. BAUM IN GÖTTINGEN

MEINEM PATHEN

PROF. BARDELEBEN IN BERLIN

MEINEM LEHRER

DEN FREUNDEN

MEINES VERSTORBENEN VATERS.

INHALT.

VORWORT.

Als v. Nussbaum vor vier Jahren die erste Beschreibung der von ihm ausgeführten Bloslegung und Dehnung der Rückenmarksnerven machte, der die gleichsam unbeabsichtigt gemachte Dehnung des Ischiadicus von Billroth vorausgegangen war, leitete er die Mittheilung mit den Worten ein: „das Bedürfniss hat schon manche Erfindung gemacht, welche zuerst ein kühnes Experiment, später eine oft benutzte Operation und schliesslich eine Heilmethode geworden ist, deren Unterlassung jetzt sogar als Fahrlässigkeit verurtheilt wird. Habe ich auch nicht den Muth, für die oben benannte Operation jemals ein solches Hausrecht in der Chirurgie zu erwarten, so bin ich doch überzeugt, dass sie nie mehr vergessen, nie mehr versäumt werden wird und durch ausgebildete Technik und reichere Erfahrung ein noch weiteres Feld der Wirksamkeit gewinnen wird."

Dieser bescheidene Rückhalt bei der Empfehlung einer neuen Operation ist durchaus gerechtfertigt, so lange derselben neben der empirischen die wissenschaftliche Begründung nicht zur Seite steht. Die nachfolgenden Mittheilungen versuchen, diese letztere anzubahnen, um auf physiologischer Basis, wie sie durch die experimentellen Beobachtungen gewonnen werden konnte, der Operation der Nervendehnung sicherer das Bürgerrecht in der chirurgischen Operationslehre vindiciren zu können, als es die klinische Empirie vermochte.

Beurtheilen wir an der Hand der gewonnenen experimentellen Resultate die bisherige klinische Erfahrung, so wird es auch gelingen, bestimmtere Anhaltspunkte für die Indication der Nervendehnung zu gewinnen, und da sich bei der Erwägung dieser eine Gruppe von Fällen ergeben wird, bei der nicht nur der topographisch bewanderte Chirurge von Fach, sondern jeder Arzt die Operation vorzunehmen berufen sein muss, so mag ein schliesslicher Ueberblick auf die Technik der Operation und Topographie der zu wählenden Operationsstellen nicht überflüssig erscheinen.

Trotz dieser scheinbaren Abrundung kann diese Mittheilung in keiner Weise beanspruchen, ein irgendwie vollständiges Bild der Lehre von der Operation der Nervendehnung darzustellen. Es bleiben an der „Studie" noch nicht unwesentliche Lücken; absichtlich aber bemühte ich mich, bei der Synthese der Skizze aus den gewonnenen Thatsachen den schmückenden Rahmen der Hypothese möglichst zu schmälern.

Meinen Dank für die freundschaftlichste Unterstützung bei Anstellung der Thierexperimente spreche ich hier an erster Stelle Herrn Prof. Dr. Damman in Eldena und Herrn Dr. A. Budge hierselbst aus.

I. Die physiologische und anatomische Untersuchung über die Wirkung der Nervendehnung unter normalem Verhältniss.

Mit Recht dürfen wir betonen, dass bei den überaus zahlreichen Untersuchungen über den Einfluss der verschiedensten physikalisch und chemisch wirkenden Agentien auf die Function der Nerven die Wirkung der mechanischen Dehnung vollständig ausser Acht gelassen war. Es muss dies um so mehr auffallen, als ohne Zweifel ein ziemlich hoher Grad von Aenderung im Spannungsverhältniss der Nervenstämme schon bei den jedesmaligen Lageveränderungen der Körpertheile und besonders der Gliedmassen, wie sie noch innerhalb des Breitengrades der Normalität liegen, in die Augen fällt.

Nach kurzer experimenteller Berührung dieser Frage durch Harless und Haber (1858) theilte Valentin (1864) die ersten ausführlicheren Untersuchungen über das Verhalten der Nerven im Dehnungszustande mit. Indem er von der eben genannten Thatsache ausging, dass die Nerven des lebenden Körpers der Länge nach ihrer Anheftung wegen in einem gewissen Grade ausgespannt sind und sich die Grösse des Zuges mit dem Stellungswechsel der Theile oft genug ändert, ohne dass sich ein merklicher Einfluss dieser Beziehungen auf die Nerventhätigkeit nachweisen lässt, prüfte er die Einflüsse der Längsdehnung der Nerven des Hüftgeflechtes am decapitirten Frosch durch Dranhängen von Gewichten. Die Resultate seiner Versuche lassen sich dahin zusammenfassen:

1. Die Dehnung verlängert die Primitivfasern und verkleinert die Querschnitte derselben, die Hüllen drücken das weiche Mark von der Seite her zusammen. Diese Art von Zug und Druck erzeugte keine merklichen Unterschiede der Hubhöhen (die Muskelcurve wird vom belasteten Wadenmuskel geliefert, während der erregende Strom das Rückenmark durchsetzt), so lange sie nicht eine gewisse Grösse

1*

überschritt. Wuchs dagegen die Zugkraft mehr an, so nahmen die Hubhöhen um so nachdrücklicher ab; je grössere Dehnungsgewichte wirkten.

2. Hat das Dehnungsgewicht nicht allzulange gewirkt, so erholt sich der Nerv nach der Entspannung ziemlich rasch. Die Nachwirkung hält im allgemeinen um so länger an, je beträchtlicher die Nerven der Länge nach ausgedehnt wurden und je grössere Zeiträume hindurch das Zuggewicht thätig war. Hat selbst die Längsdehnung den Nerven so sehr beeinträchtigt, dass er keine Zuckung mehr hervorrief, so kann er doch wiederum nach einiger Ruhezeit dieselben Hubhöhen wie vor aller Dehnung liefern.

3. Die mikroskopische Untersuchung möglichst ausgedehnter Nervenfasern bietet in der Regel nichts Ungewöhnliches dar, das Mark scheint sich nur von der Hülle an einzelnen Punkten losgelöst zu haben, wenn die Zerrung den Nerven eben zu zerreissen anfing.

4. Die elektromotorischen Eigenschaften des Markes ändern sich unter dem Einflusse starker mechanischer Wirkungen.

Ich führe diese Resultate z. Th. wörtlich an, da die späteren Untersuchungen kaum nennenswerthe Abweichungen, hauptsächlich nur Ergänzungen derselben lieferten. Dies gilt zunächst von den unter Vierordt's Leitung von Schleich (1871) angestellten Versuchen „über die Reizbarkeit der Nerven im Dehnungszustande", dieselben ergaben:

1. In Bezug auf die mikroskopisch nachweisbare Structurveränderung der gedehnten Nerven, dass an den normalen Nerven eine weit bälder eintretende und in ihren verschiedenen Stadien rascher sich ausbildende Gerinnung des Markes sich zeigte. Jedoch gibt S. selbst an: die allerdings nicht sehr wesentlichen Unterschiede in der Structur der gedehnten und der normalen Nervenfaser beziehen sich also nur auf die Zeit und Stärke der eintretenden Gerinnung des Nervenmarkes.

2. In Bezug auf die Nachwirkung der Nervendehnung kommt er zu demselben Resultat wie Valentin (2).

3. In Bezug auf die Reizbarkeit während der Dehnung selbst fand S., dass eine mässige Dehnung die Reizbarkeit nicht bedeutend verminderte, dieselbe aber bei einer stärkeren Belastung meist schnell abnahm; in einzelnen Fällen sich sogar bei leichter Dehnung im Anfange des Versuches noch eine Zunahme der Reizbarkeit ergab.

Während bei diesen Versuchen die Dehnung durch allmählich verstärkte Gewichtsextension geschah, führte Tutschek unter Ranke's Leitung die Dehnung mittelst einer unter den Nervenstamm geführten

Sonde in centripetaler und centrifugaler Richtung aus. Die Experimente wurden am Frosch ausgeführt mit Benutzung der Türk'schen Methode, nach welcher der enthauptete Frosch am Rumpfe aufgehangen wird und die Füsse der hinteren Extremitäten in eine reizende Flüssigkeit eingetaucht erhalten werden, bis eine Contraction der Füsse und Herausheben derselben aus der Flüssigkeit erfolgt. Der zu dehnende Nerv wurde in der Mitte des Oberschenkels blosgelegt. Die Resultate waren:

1. Einmalige leichte Dehnung des Stammes des N. ischiadicus bei decapitirten Fröschen erhöht die Reflexerregbarkeit an der betreffenden Extremität.

2. Durch eine zweite, kurz nach der ersten leichten und an derselben Stelle angebrachte stärkere Dehnung wird die Erregbarkeit in geringerem oder bedeutenderem Maasse herabgesetzt.

3. Durch eine dritte der zweiten nachfolgende starke Dehnung wird die Erregbarkeit weit unter die normale herabgesetzt. Mechanische Reize sind noch wirksam.

4. Einmalige starke Dehnung setzt die Erregbarkeit herab.

Neuerdings hat schliesslich Conrad unter Leitung von Landois Untersuchungen über die Nervendehnung am Frosch, Hund und Kaninchen angestellt. Um gleichzeitig den Grad der jedesmaligen Dehnung zu bestimmen, wurden Glasstäbe von bestimmtem Durchmesser unter den blosgelegten Nerven geschoben und mittelst Umdrehung des Stabes die Dehnung ausgeführt. Die Ergebnisse entsprachen den eben erwähnten Resultaten:

1. Eine schwache Dehnung des N. ischiadicus erhöht die Reflexerregbarkeit an dem entsprechenden Schenkel beim enthaupteten Frosch.

2. Nach starker Dehnung des N. ischiadicus ist die Reflexerregbarkeit der entsprechenden Extremität unter die Norm herabgesetzt.

3. Die centripetalleitenden Fasern des N. ischiadicus können sehr starker Dehnung nicht ausgesetzt werden, ohne ihre volle Function oder wenigstens einen Theil derselben zu verlieren, resp. werden früher leistungsunfähig als die centrifugalleitenden Fasern desselben Nerven.

Wir dürfen also als Thatsache, wie sie durch das physiologische Experiment (von Harless, Haber, Valentin und unter Vierordt's, Ranke's und Landois' Leitung angestellt) constatirt ist, hinstellen, dass durch jede stärkere Dehnung eines Nervenstammes die Reizbarkeit desselben und die Reflexerregbarkeit in seinem Verbreitungsbezirke herabgesetzt wird. In anderen Worten ausgedrückt ergeben die bisherigen Experimental-untersuchungen, dass durch den mechanischen Reiz der Dehnung die Mechanik der Nerventhätigkeit geändert wird. Die Art und Weise, wie diese Aenderung zu Stande kommt, wurde nicht geprüft.

Vergleichen wir mit Valentin die Nerven mit einem Telegraphen-drahte, der mit einer elektrischen Erregungsvorrichtung an dem einen und einem elektromagnetischen Schreibapparate an dem andern Ende verbunden ist, so müssen wir uns um die Art und Weise der Wirkung eines mechanischen Eingriffes zu untersuchen, fragen, wirkt derselbe:

1. auf den Nerven selbst als leitendes Organ, ändert er also die Leitung? oder

2. wirkt er auf das Centralorgan? oder

3. wirkt er auf den peripheren Endapparat?

oder combiniren sich zwei oder alle Wirkungen bei unserem Eingriffe?

Um der Beantwortung der ersten Frage näher treten zu können, müssen wir den Vorgang der Dehnung zunächst prüfen. Da wir eine Dehnung ohne Continuitätstrennung im weitesten Sinne nur an ela-stischen Körpern vornehmen können, so untersuchen wir die Elasticität und Dehnbarkeit der Nerven selbst.

1. Versuch am ausgeschnittenen Nerven.

Der N. medianus eines Mannes, vom Carpus bis zur Axilla 50 Ctm. lang, wird an dem einen Ende fixirt und jetzt durch Gewichtsexten-sion gedehnt. Es beträgt das Maximum der Verlängerung 3 Ctm. Ein Gewicht von 3 Kilogrm. genügt zur Dehnung bis zu 2 Ctm. Verlängerung. Zur Verlängerung um 3 Ctm. gehört der stärkste Zug, wie ihn eine Hand allein zu leisten vermag. Auch nach oft wieder-holter Dehnung bis zu 2—3 Ctm. Verlängerung zog sich der Nerv immer genau auf seine normale Länge zurück und war erst nach Stunden, bei dauernder starker Extension, eine bleibende Verlängerung von 0,2 Ctm. zu constatiren. Die Dehnbarkeit nimmt ab vom cen-tralen ,zum peripheren Ende. Sticht man zwei Nadeln am unteren Nervenende in einer Distance von 3 Ctm. ein und ebenso zwei andere in der Nähe des oberen Endes, so werden bei der Dehnung die beiden unteren Nadeln gleichmässig nach abwärts gezogen, ohne ihre Distance merklich zu ändern, am oberen Ende rücken die Nadeln bei Dehnung der Nerven bis zur Gesammtverlängerung von 3 Ctm. um 0,6 Ctm. auseinander.

An kurzen Nervenstücken ist man überhaupt nicht im Stande, irgend welche Dehnbarkeit und Elasticität nachzuweisen. Fasst man ein 3 Ctm. langes Stück des N. medianus zwischen zwei Pincetten, so ist es unmöglich, dies Stück auszudehnen. Es bildet hierin der Nerv einen schroffen Gegensatz zu den Gefässen des gleichen Körperabschnittes. Fasst man z. B. ein gleich langes Stück der Arteria oder Vena brachialis, so genügt ein geringer Zug, um es auf 4—5 Ctm. Länge auszuspannen.

2. Versuch der Dehnung des in der Extremität isolirten Nerven.

Macht man an der Leiche eine Amputation des Oberschenkels, bei welcher sämmtliche Weichtheile durch den Zirkelschnitt getrennt, der Knochen durchsägt wird, sodass nur der N. ischiadicus erhalten bleibt und die einzige Verbindung zwischen oberem und unterem Stumpfe darstellt, so wird bei einer am Fusse angebrachten Gewichtsextension von 30 Kilogrm. die Distance zwischen oberer und unterer Schnittfläche allerdings um 10 Ctm. vergrössert, allein diese Vergrösserung des Abstandes ist durchaus nicht allein auf die Dehnung des freigelegten Zwischenstückes des Nerven zu setzen, vielmehr wird der Gesammtnerv gedehnt und vor allem bedeutend aus seinen Einscheidungen und peripheren Anheftungen herausgezogen, der periphere Stumpf also gleichsam mehr vom Nerven abgestreift. Sticht man vor der Dehnung in das freigelegte Nervenstück Nadeln in gemessener Distance ein, so sieht man, dass die Abstandsveränderung beider Nadeln bei der starken Dehnung eine minimale ist, während die Stumpfflächen weit von einander rücken. Ich kann nach diesen Resultaten nicht in allen Punkten die durch ähnliche Versuche gewonnenen von Tillaux bestätigen. T. machte Untersuchen über die Nervenzerreissungen und fand, dass der N. ischiadicus erst bei einem Gewichte von 51—58 Kilogrm. zerreisst; der Medianus oder Ulnaris bei 20—25 Kilogrm., der Riss erfolgt immer an bestimmten Durchtrittsstellen und findet, ehe es zum Reissen kommt, eine unerwartete Dehnung des Nerven, selbst um 15—20 Ctm. statt. Diese letztere Angabe würde also in der oben erörterten Weise zu corrigiren sein.

3. Versuch über die Dehnbarkeit der Nerven bei wechselnder Körperstellung.

Bringt man an der Leiche die untere Extremität in solche Stellung zum Rumpfe, dass der Oberschenkel im Hüftgelenke stark gebeugt

das Kniegelenk dagegen möglichst gestreckt ist, so ist man nicht im
Stande, den hinter dem Capitulum fibulae blosgelegten N.
peroneus durch ein druntergeschobenes Elevatorium irgendwie merklich hervorzuziehen. Ebensowenig gelingt dieser Versuch in der genannten
Körperstellung an dem zwischen Tuber ischii und Trochanter freigelegten N. ischiadicus. Man bringt durch forcirtes Hervorziehen
eher einen Riss als eine Dehnung zu Stande.
Dasselbe trifft für die obere Extremität zu. Abducirt man den
Kopf stark nach links, abducirt und extendirt rechterseits den Oberarm im Schultergelenk, während Ellenbogen und Handgelenk in for-
cirter Extensionsstellung gehalten werden, so ist der Versuch eines
Hervorziehens am Medianus oberhalb des Handgelenkes, sowie des
Plexus axillaris und brachialis absolut vergeblich. Führt man die
Extremität zum Theil in die entgegengesetzte Stellung über, so zieht
man jetzt die Nerven an den betreffenden Stellen mit leichtem Zug
als grosse Schlingen hervor.

Nach diesen Versuchen müssen wir den Schluss ziehen:
Der Nerv selbst ist nur in beschränktem Maasse
elastisch und überhaupt dehnbar. Die Grenzen seiner
normalen Dehnbarkeit fallen mit den physiologischen
Bewegungsgrenzen der Körpertheile zusammen. Will
man über das innerhalb dieser Grenzen gesetzte Extrem
hinaus den Nerven dehnen, so geschieht es auf Kosten
seiner Continuität.

Suchen wir nun aus diesem Satze eine Antwort auf unsere Frage
über die Aenderung der Leitung im Nerven selbst durch unseren
mechanischen Eingriff der Dehnung, so müssen wir bekennen, dass
ein grosses Gewicht kaum auf dieselbe zu legen sein kann. Erwägen
wir, dass die beträchtliche Dehnung, welcher die Nerven beim Wechsel der Körperstellung unterliegen, einen wesentlichen oder dauernden
Einfluss auf die Leitung nicht setzt, so wird auch die von uns
eingeleitete Dehnung der Nervensubstanz, die ohne
Continuitätstrennung herbeizuführen diese physiologische Dehnungsgrenze kaum überschreiten kann, ebenfalls eine Störung der Leitung in nachhaltiger Weise
nicht provociren.

Je weniger der Nerv nun aber als vorwiegend elastisch und in
seiner Substanz dehnbar gelten darf, um so mehr wird die Wirkung
unseres Eingriffes der Dehnung sich auf seine Befestigungspunkte
fortpflanzen, ja diesen eventuell direct mitgetheilt werden müssen.
Die Untersuchung gilt zunächst der Fortpflanzung des dehnenden

Zuges auf das entsprechende Centralorgan, d. h. Rückenmark oder Gehirn.

1. Versuch.

Einer ausgewachsenen Ziege wird in der Narkose zwischen Tuber ischii und Trochanter der Nervus ischiadicus blosgelegt, dann am Rücken nach Bloslegung der Wirbelsäule, entsprechend der Eintrittsstelle der Wurzeln des Plexus ischiadicus, mehrere Wirbelbögen heraustrepanirt und nach Stillung der Blutung ein Zug auf den möglichst weit bis an die Wirbel hinauf mit Finger und Elevatorium freigelegten Ischiadicus ausgeübt. Es konnte hierbei in keiner Weise eine Mittheilung des Zuges auf das Rückenmark beobachtet werden, selbst nicht, als der Zug bis zum Riss des Nerven gesteigert wurde.

2. Versuch.

Es wird an der Leiche der Cervicaltheil des Rückenmarks freigelegt mit Erhaltung der Dura mater. Die Wirbelbögen werden so weit seitlich abgelöst, dass die Durchtrittsstellen der Wurzeln deutlich zu verfolgen sind, dann wird der Plexus brachialis am Nacken freigelegt, die Nervenscheide getrennt und mit Finger und stumpfen Haken bis zur Wirbelsäule abgelöst; wird jetzt der Plexus brachialis durch den hakenförmig druntergeführten Finger stark in centrifugaler Richtung gedehnt, so sieht man selbst bei Anwendung des stärksten Zuges mit der Hand wohl, dass die Dura mater sich etwas tiefer in die Foramina intervertebralia hineinstülpt, aber weder an der Medulla noch den Wurzelsträngen ist eine Mitbewegung ersichtlich. Erst wenn man sorgfältig mit Pincette und Messer die ganze Einscheidung des Nerven bis in den Canal hinein abpräparirt hat, pflanzt sich der Zug direct auf die Ausbreitung der Wurzeln in der Rückenmarkssubstanz fort.

Untersucht man die anatomischen Verhältnisse genauer, so tritt gerade hier an der Durchtrittsstelle der Rückenmarksnerven durch die Zwischenwirbelcanäle jedesmal ein Strang fibrösen Gewebes von den Wirbeln selbst zu der Fortsetzung der den Canal passirenden Nervenhülle. Diese fibröse Verstärkung ist selbst präparatorisch schwer ablösbar und setzt der Fortpflanzung des Zuges durch die Foramina intervertebralia in centrifugaler Richtung ein energisches Hemmniss entgegen.

Wir sind hiernach zu dem Schlusse berechtigt:

Bei der einfachen Bloslegung und Dehnung von Rückenmarksnerven findet eine Fortpflanzung der cen-

trifugalen Dehnung oder Uebertragung des Zuges auf
das Centralorgan nicht statt.

Zur Beantwortung der letzten Frage über die Art und Weise
der Wirkung der Nervendehnung, ob und wie etwa die Dehnung auf
den peripheren Endapparat wirkt, suchen wir zunächst unsere Anhaltspunkte ebenfalls aus den anatomischen Untersuchungen zu gewinnen.

3. Versuch.

Es wird an der Beugeseite des Vorderarmes oberhalb des Handgelenkes ein Fenster von 3 Ctm. Durchmesser aus der bedeckenden
Haut und Fascie herausgeschnitten, wird nun in der gewöhnlichen
herabhängenden Stellung des Armes an dem blosgelegten Plexus
brachialis ein centripetaler Zug ausgeübt, so sieht man an dem im
Fenster freigelegten N. medianus eine starke Verschiebung nach aufwärts. Auch wenn der Zug nachlässt, bleibt der Nerv fast ganz in
der eingeleiteten dislocirten Lage im Fenster, während gleichzeitig
die am Nacken hervorgezogene Schlinge des Plexus als solche her-
vorliegen bleibt, ohne sich merklich zurückzuziehen.

Dasselbe Resultat erhalten wir bei Beobachtung des N. radialis
und ulnaris an entsprechenden Fenstern in den bedeckenden Weichtheilen.

Aber auch noch weiterhin nach der Peripherie lässt sich an
manchen Stellen die Fortwirkung des Zuges am Nervenstamme con-
troliren. Legt man z. B. in den Fingercommissuren in der Hohlhand
die Theilungsstellen der Nn. digitales volares frei durch entsprechende
Fensterung der Haut, so kann man auch noch hier die Fortwirkung
des Zuges am Medianus verfolgen.

Dieselben Resultate erhalten wir bei entsprechenden Untersuchungen an den Verzweigungen des N. ischiadicus, nur müssen
wir im allgemeinen festhalten, dass der Zug am Stamm des Nerven
sich um so abgeschwächter auf die entfernteren peripheren Verbreitungsbezirke mittheilt, je mehr Zweige (besonders Muskeläste) im
Verlaufe bereits abgetreten sind, durch die immerhin der weiteren
peripheren Fortpflanzung des centripetalen Zuges ein Hinderniss ent-
gegengesetzt wird.

Fügen wir zu dieser Beobachtung noch das früher experimentell
constatirte Resultat, dass der Elasticitätsmodul des Nerven vom
Centrum zur Peripherie progressiv abnimmt, so werden wir um so
mehr zu dem Schlusse gedrängt:

Die centripetale Dehnung des Nervenstammes pflanzt

sich auf die periphere Verbreitung fort, kann also sehr
wohl auf den peripheren Endapparat wirken.

Im Hinblick auf die durch die aufgeführten physiologischen
Experimentaluntersuchungen erhärtete Thatsache, dass durch die
Dehnung eines Nerven die Mechanik seiner Thätigkeit geändert,
speciell die Erregbarkeit herabgesetzt wird, müssen wir jetzt hinzufügen: es geschieht dies nicht durch eine directe Einwirkung auf
das Centralorgan, sondern die Wirkung muss durch Beeinflussung
des peripheren Endapparates und des Nerven selbst als leitenden
Organes hervorgerufen werden. Die Wirkung der Dehnung auf die
Nervensubstanz selbst kann aber nach dem Erörterten nicht wohl
nachhaltig sein, auch gibt die bisherige histologische Untersuchung
zu solcher Annahme wenig Anhalt (vgl. S. 5), wir müssen also bei
der experimentell geprüften und klinisch wiederholt erprobten Wirkung der Nervendehnung noch nach anderen Factoren fahnden, die
bei der momentanen und andauernden Wirkung unseres Eingriffes
concurriren.

Dass für die Function der Nerven nicht nur der Complex von
Nervenfasern, wie er zum Nerven vereint ist, allein in Frage kommt,
hat zuerst Harless klar hervorgehoben. In seinen Untersuchungen
„über die Bedeutsamkeit der Nervenhüllen“ betont er, dass zwar die
Wichtigkeit der Nervenscheiden als Träger der Gefässe und als
elastische Massen (in physikalischem Sinne) schon hinlänglich gewürdigt seien. „Dass aber eben diese Hüllen durch ihre jeweilige
physikalische Beschaffenheit in ausserordentlich feiner Weise als Re-
gulatoren für die Reizbarkeit der wesentlichen Nervensubstanz func-
tioniren können, musste bei der allzuwenig subtilen Untersuchungs-
methode unbekannt bleiben, um so mehr, als die Anatomie nur in
den extremsten Fällen auf die Untersuchung der Nervenhüllen da
geführt wurde, wo die pathologischen Erscheinungen mit der orga-
nischen Veränderung des Gewebes ihren Höhepunkt erreicht hatten.
Die feineren Unterschiede dürften wohl auch nie am Sectionstische
erkennbar gemacht werden, wo die Leichenveränderung sie schon
längst wieder verwischt und ausgeglichen hat. So bleibt nur eine
experimentelle Beweisführung im Zusammenhalt mit den Erscheinungen am Lebenden möglich, um zu zeigen, dass die Nervenhüllen zur
Regulirung der Reizbarkeit wesentlich beitragen.“ Erwägt man die
Thatsache, dass beim Durchschneiden eines Nerven am Lebenden
die Nervenfasern am Schnittende stark büschelförmig hervorquellen,
so folgt daraus, „dass sich die Nervenfasern im lebenden Körper
unter einem bestimmten Druck ihrer Hüllen befinden“. Zeigt nun,

sagt Harless, das Experiment, dass der Grad der Reizbarkeit und
der physiologischen Leitungsgüte mit dem Werth des Hüllendruckes
schwankt, so kann es nicht anders sein, als dass in den normalen
Zuständen der Nerven ein Bruchtheil dieser Functionsfähigkeit von
dem dabei herrschenden Hüllendruck abhängt. Seine Untersuchungen
geben hierfür hinreichende Belege, er beweist, wie gering die Veränderung in der elastischen Rückwirkung der Hülle auf ihren Inhalt zu
sein braucht, um schon Veränderungen in der Reizbarkeit hervorzurufen.
Es fragt sich nun, ob auch durch den Eingriff der Nervendehnung eine Veränderung im Verhältniss der umgebenden Hülle zum Nerven hervorgerufen wird. Suchen
wir dieser Frage wiederum vom anatomischen Standpunkte aus näher
zu treten, so verhält sich im normalen Zustande bekanntlich die
Nervenscheide zum Nerven analog dem Sarcolemma der Muskeln:
von der den ganzen Nerven einhüllenden Scheide gehen Scheiden-
wände nach innen ab, die sich mehr und mehr theilen und somit für
die Faserbündel bis zu den Primitivbündeln hinab Scheiden bilden.
In die Maschen der bindegewebigen Grundsubstanz sind Fettzellen
eingebettet, die besonders im Verlaufe der Gefässe zu grösseren
Gruppen zusammentreten, zwischen denen sich Capillarschlingen hin-
ziehen. Den Bindegewebsfasern sind elastische Fasern beigemengt,
die theilweise zu Netzen sich verflechten. Die Arterien und Venen
verlaufen in den Scheidewänden und ist der Gefässreichthum ein
bedeutender, zu dem noch das durch Key und Retzius bekannt
gewordene Lymphgefässnetz tritt, während von Sappey die Nervi
nervorum näher gewürdigt wurden.
Betrachten wir jetzt den Vorgang genauer, wie er sich bei der
starken Dehnung eines blosgelegten Nervenstammes herausstellt, so
sahen wir bereits oben bei dem Experiment der Dehnung des Plexus
brachialis, dass hierbei eine auffällige Verschiebung des Nerven
in seiner Umgebung (bis in die Ausbreitung des N. medianus z. B.)
stattfindet. Durch eine solche starke Verschiebung muss aber auch
eine Aenderung im Verhältniss der Umhüllung zum Nerven selbst
eintreten. Ergibt sich diese Thatsache schon aus dem einfachen
Leichenexperiment, so lässt uns die Beobachtung am lebenden Thier
die näheren Vorgänge prüfen. Es wurden auch zu diesen Untersuchungen nur grössere Thiere, Ziege, Schaf, Hund genommen und
an diesen die grössten Nervenstämme, Ischiadicus und Plexus brachialis gewählt, um das Verhältniss der Verletzung durch den operativen Eingriff zur Grösse des Nerven dem Verhältniss am Menschen
analog zu gestalten.

Legt man den N. ischiadicus zwischen Tuber ischii und Trochanter frei, was bei einiger Uebung unter Vermeidung jeglicher Blutung gelingt, hebt den Nerv mit stumpfen Haken aus seiner Einscheidung heraus und dehnt ihn energisch in centripetaler und centrifugaler Richtung, so ergibt sich bei der unmittelbar hinterher ausgeführten Bloslegung des Nerven von seinem Ursprung bis zur peripheren Ausbreitung jedesmal folgendes Bild: Abgesehen von der an der Operationsstelle selbst ersichtlichen Veränderung, die neben den mehr oder weniger ausgedehnten Blutextravaten in nächster und weiterer Umgebung in einer Lockerung des Nervenstammes in seiner Einscheidung nach peripherer und centraler Richtung besteht, und zwar in so erheblicher Weise, dass man von der freigelegten Stelle aus beim Aufheben des Nerven nach oben und unten wie in einen Trichter hineinblickt, findet man an den entfernter gelegenen Bezirken einzelne stärker geröthete Partien, und ergibt sich diese intensivere Färbung bei näherer Untersuchung als auf das Neurilem beschränkt und zum Theil durch kleine Ekchymosirungen bedingt. Ein Umstand, der schon bei der ersten Untersuchung eines unmittelbar nach dem Eingriff getödteten Thieres auffällt und sich ohne Ausnahme bei jeder Wiederholung des Experimentes zu erkennen gibt, ist der, dass diese vorwiegend gerötheten und mit Ekchymosen durchsetzten Partien ganz bestimmten Stellen im Verlaufe des Nerven entsprechen. Man findet sie, wenn man an Ziege und Hund den N. ischiadicus unterhalb der Verbindungslinie vom Trochanter major und Tuber ischii freigelegt und gedehnt hat, central oberhalb der Dehnungsstelle am Hüftgelenke und der Austrittsstelle des Nerven aus der Incisura ischiadica; peripher an der Theilungsstelle des Nerven in den N. tibialis und peronaeus in der Kniekehle, sowie bisweilen ganz unten oberhalb der Ferse. Ausserdem findet man noch auffällige Injection an der Eintrittsstelle der Glutealäste in die Muskelmasse und der Peronaeuszweige in die Wade. Dieser Befund ist constant. Es entsprechen diese als typisch zu bezeichnenden Stellen denjenigen, welche wir als hauptsächlichste Verbreitungsbezirke der zum Nervenstamme zu- und abtretenden Gefässe finden, d. h. also vor Allem auch die Gelenkbezirke. Schon Klemm bezeichnete diese von ihm als Lenden-, Hüft-, Kniekehlen- und Hackenpunkt benannten Regionen als die Prädilectionspunkte der Neuritis disseminata, in Berücksichtigung des Zusammenhanges der Gefässverbreitung am Nerven mit der Localisirung der primären traumatischen Entzündung.

Untersucht man die Thiere einige Zeit nach der Operation, und zwar in wechselnden Zeiträumen innerhalb der 1. und 2. Woche, so

findet man, abgesehen von den Veränderungen an der Bloslegungsstelle selbst, die dem gewöhnlichen Wundheilungsprocess entsprechend
sind und bei einigen Cautelen fast dem einer Heilung per primam
entsprechen, die angegebene Veränderung im Bereich der Haupt-
gefässbezirke noch nach 8—14 Tagen. Meist scheint es, dass bei
der Untersuchung innerhalb des letzteren Zeitraumes auch in der
weiteren Umgebung der typischen Stellen mehr Injectionsröthe zu
Tage tritt, doch findet auch dann noch immer eine augenfällige
Differenz von den zwischen den genannten Regionen gelegenen Nervenpartien statt. Untersucht man noch später, also nach 6 Wochen,
beim Hunde, so kann kaum ein Unterschied wahrgenommen werden.
Auch an der Dehnungsstelle selbst hat sich die anfänglich vorhandene
Bindegewebsnarbe mehr und mehr gelockert, so dass beim Abpräpa-
riren der Nervenumhüllung eine erhebliche Differenz nicht vorliegt.
Es muss bei diesen Untersuchungen in den verschiedenen Zeiträumen
nach der Bloslegung und Dehnung selbstverständlich immer der
gleiche Nerv der anderen Seite zur vergleichenden Untersuchung
freigelegt werden. Während also im Durchschnitte nach Verlauf von
6 Wochen am Nerven in seiner ganzen Ausdehnung kein auffälliger
Unterschied vom Normalen zu erkennen war, erschien beiläufig während dieses Zeitraumes die Function der betreffenden Extremität in
keinerlei Weise erheblich alterirt, vom Momente der Dehnung an bis
zum spätesten Untersuchungstermine.

Um die Details dieser als typisch constatirten Veränderung am
Nerven nach der Dehnung genauer prüfen zu können, wurde in verschiedenen Zeiträumen von ¼ Stunde bis 6 Wochen nach Vornahme
der Operation das betreffende Thier durch Chloroformnarkose getödtet
und sofort bei noch vorhandener Blutwärme von der Aorta abdomi-
nalis aus die Gefässe des ganzen Körpers mit blauer Thiersch'scher
Injectionsmasse injicirt. Nach längerem Einlegen in Chromsäurelösung
und später in Alkohol konnten die Theile zur mikroskopischen Untersuchung gezogen werden. Zur Gewinnung brauchbarer Querschnitte
war auch dann noch das Einbetten in Glycerinseife nöthig. Es wurde
auch bei diesen Untersuchungen immer in der Weise verfahren, dass
bei Anfertigung von Schnitten und Präparaten immer möglichst genau
die correspondirende Stelle des nicht operirten Nerven des anderen
Beines zum Vergleiche herbeigezogen wurde.

In den Figg. 1, 2, 3, 4, 5, 6 (s. Taf.) finden sich die Verhältnisse
illustrirt, wie sie die mikroskopische Untersuchung der normalen
und gedehnten Nerven nach vorausgegangener Gefässinjection ergibt.
Die Bilder bedürfen eigentlich keines Commentars und wollen

wir daher nach den verschiedenen Untersuchungen ein Gesammtbild entwerfen.

1. Der Querschnitt oberhalb und unterhalb der Operationsstelle. Fig. 2 (s. Taf.).

Während im Querschnitte des Nerven selbst nur einzelne wenig verzweigte Gefässstämmchen sichtbar sind, treten an der Peripherie zahlreiche stark erweiterte und geschlängelte Gefässe aus der Umhüllung an den Nerven heran. Zwischen diesen finden sich Gruppen von Fettzellen, um deren Contouren man die ebenfalls erweitert erscheinenden Capillarschlingen sich herumwinden sieht. Zwischen letzteren finden sich kleine Extravasate, die sich vereinzelt und in grösserem Maassstabe auch an den Gefässstämmchen und deren Theilungen finden. An einzelnen Stellen lässt sich nicht verkennen, dass der Farbstoff der Injectionsmasse ungewöhnlich leicht und (besonders an in Glycerin eingelegten Schnitten) schnell in das umgebende Gewebe aus den geschlängelten Gefässverzweigungen des Neurilems diffundirt, so dass, während anfangs die Contouren der injicirten Gefässe sich scharf von der umgebenden Grundsubstanz abheben, schon nach ¹⁄₂ Stunde das Bild ein verschwommenes wird und der Farbstoff sich auch in den Bindegewebszügen abgelagert findet, ohne dass etwa gerade an diesen Stellen auffällige Extravasate bemerkt worden wären.

Dies Bild erhält man von allen den Bezirken des Nerven, von denen bereits wiederholt als typischen Gefässbezirken die Rede war. An den Zwischenpartien ist das Bild meist kein so auffälliges, jedoch in der Nachbarschaft der Operationsstelle finden wir es überall in gleich auffallender Weise. An dieser Stelle selbst sind selbstverständlich die Blutextravasate sehr reichlich, da auch, wenn bei der Operation keinerlei Blutung nach aussen hin stattgefunden hat, doch zahlreiche Gefässzerreissungen stattfinden mussten.

Ein Blick auf Fig. 1 (s. Taf.) zeigt uns den auffälligen Unterschied des Befundes aus den correspondirenden Stellen des normalen Nerven; das den Nervenstamm umgebende Neurilem ist gleichmässig injicirt. Von der Peripherie ziehen einzelne sich gabelförmig theilende Gefässe zwischen die Primitivbündel in die Nervensubstanz hinein, um hier ein mehr oder weniger verzweigtes Netz darzustellen. Dieses fällt mehr in die Augen, als die Gefässramificationen in der Nervenscheide.

2. Vergleichen wir mit diesen Bildern den Befund, den die Untersuchung des für sich vom Nerven abgelösten Neurilems bildet, so leuchtet aus den Bildern, wie sie Fig. 3 und 4 (s. Taf.) repräsentiren, mit gleicher Klarheit das verschiedene Verhalten der

Gefässe am gedehnten von dem nicht gedehnten in die Augen. An
allen Gefässverästelungen finden wir die deutlichste Erweiterung und
oft zickzackförmige Schlängelung, die sich bis auf die feinsten Capillaren erstreckt, die als stark gefüllte Schlingen in Windungen die
einzelnen Fettzellen in den Anhäufungen dieser umkreisen, während
am normalen Nerven auch bei den bestgelungenen Injectionspräparaten aus den entsprechenden gefässreichsten Bezirken zwar auch
deutliche Injection der Capillaren bis in die feinsten Schlingen ersichtlich ist, aber eine derartige Schlängelung und Erweiterung nirgends aufzufinden ist.

3. Ebenso frappant ist endlich der Eindruck eines Längsschnittes
homologer Nervenstücke mit ihrer Umhüllung. Fig. 5 und 6 (s. Taf.).
Bei dem gleichen Befunde an der seitlichen Einscheidung der Nervenfaser, wie oben beim isolirt untersuchten Neurilem geschildert wurde,
sieht man stark geschlängelte dicke Aeste quer über den Nerven
von den seitlich parallel verlaufenden Stämmen herüber und hinüber
treten, zwischen denen die prallen Windungen der Capillaren com-
municiren, während am normalen Nerven lediglich die seitlich parallel
verlaufenden Gefässe besonders in die Augen fallen und nur in der
Nähe der peripheren (z. B. in einen Muskel eintretenden) Partie des
Nerven einigermassen stärkere Querverbindungen in geringer Zahl
sich präsentiren.

Dieser übereinstimmende Befund am Querschnitt, Längsschnitt
und für sich isolirt untersuchten Neurilem des gedehnten Nerven
lässt sich nicht nur bei der unmittelbar nach dem operativen Eingriff
vorgenommenen Untersuchung, sondern auch in der Folgezeit constatiren. Zieht man in der angegebenen Weise innerhalb des Zeitraumes
von 8—14 Tagen nach der Dehnung entsprechende Abschnitte zur
Untersuchung, so findet man dieselbe augenfällige Differenz im Verhalten der Gefässe, doch zeigen sich jetzt auch besonders an den
Injectionspräparaten der Nervenquerschnitte neben den zahlreichen
erweiterten und stark geschlängelten Gefässen auch entschieden
reichlichere Verzweigungen, so dass von correspondirenden Partien
genommene Präparate am gedehnten Nerven im gleichen Gesichtsfelde eine absolut grössere Zahl feinerer (neugebildeter) Gefässe und
Capillaren aufweisen, wie wir an entsprechenden Präparaten frisch
gedehnter Nerven vorfanden. Ferner findet man in diesem Zeitraume
auch an den, den typischen Gefässbezirken benachbarten Regionen
stärkere Gefässinjection als früher.

Tödtet man das Thier noch später, also nach Ablauf von 5 bis
6 Wochen nach der Dehnung, so lässt sich entsprechend dem oben

geschilderten makroskopischen Befunde auch am mikroskopischen
Präparate ähnliche auffallende Unterschiede weder an central noch
an peripher gelegenen Partien des Nerven auffinden.

Fassen wir diese Befunde, wie sie sich am gedehnten Nerven
unmittelbar nach dem Eingriff und in den verschiedenen darauf
folgenden Zeiträumen ergaben, zu einem Gesammtbilde zusammen,
so sehen wir, dass durch unseren operativen Eingriff der sogenannten
Dehnung des Nervenstammes wesentlich eine Verschiebung
und Lockerung desselben in seiner Umhüllung in centraler und peripherer Ausdehnung erfolgt, die mit einer
gleichzeitigen Dehnung und Lockerung der in der Nervenscheide zum Nerven verlaufenden Gefässe verbun-
den ist. Diese letztere bekundet sich im Bilde des injicirten Nerven
als starke Schlängelung und Erweiterung der zum Nerven tretenden
Gefässe, während eine Aenderung im Verhalten der innerhalb des
Nerven erfolgenden Gefässverzweigungen nicht zu erfolgen scheint.
Diese auffallende Veränderung findet vorwiegend an den typischen
Gefässverbreitungsbezirken des Nerven statt und findet man dieselben
sowohl unmittelbar nach dem Eingriffe wie auch der nachfolgenden
Zeit. Nach Verlauf mehrerer Wochen haben sich die Veränderungen
ausgeglichen und hat in der Zwischenzeit auch theilweise eine Neu-
bildung von Gefässen stattgefunden. Wollen wir diesen wahren
Effect der Operation auch in der Benennung selbst ausdrücken, so
müssten wir den Eingriff statt: Neurotonie (Nervendehnung) füglich als: Neurolysis (Nervenlockerung) und Neurokinesis
(Nervenverschiebung) bezeichnen, wobei in der letzten Bezeichnung
zugleich die mögliche Beeinflussung der Nervensubstanz selbst mit
eingeschlossen ist.

Ganz von selbst ergibt sich nun aus diesem Befunde die Beantwortung der oben gestellten Frage über den Einfluss der Veränderung, welche der Nerv im Verhältniss zu seiner Umhüllung er-
fährt, auf die Function des Nerven. Wenn zunächst ein Theil der
Thätigkeit des Nerven nach den Harless'schen Untersuchungen vom
Hüllendruck abhängt, so muss bei der erwiesenen Dislocation und
Lockerung unzweifelhaft eine Aenderung in der jeweiligen Function
gesetzt werden. Müssen wir aber zweitens die Thätigkeit des Nerven
als von seinem Ernährungszustande abhängig stellen, so werden die
die Ernährung und den Stoffwechsel bedingenden Gefässe der Nerven
an erster Stelle in Frage kommen. In diesen wird eine Erweiterung
und starke Schlängelung durch die bei der Dehnung erfolgende Ausdehnung und Lockerung in ihrer Umgebung hervorgerufen; durch

eine solche Aenderung im Verlaufe wird selbstredend das Strombett
des circulirenden Blutes geändert, und zwar erweitert; mit einer
Erweiterung und Vergrösserung geht Hand in Hand eine Verlangsamung des localen Kreislaufes und damit ist untrennbar verknüpft
eine Verlangsamung des Stoffwechsels in dem von diesem Gefäss-
bezirk betheiligten Nerven. Aus jeder Aenderung des Stoffwechsels
resultirt jedesmal eine Aenderung in der Function. Wir haben also
durch Veränderung des Druckverhältnisses und Veränderung des Stoffwechsels im Nerven zwei für die Function
des Nerven wichtige Factoren durch unseren Eingriff umgeändert.
Sahen wir also am Eingange unserer Untersuchungen, dass die Thatsache der Herabsetzung der Reizbarkeit eines Nervenstammes durch
die Dehnung ausser allem Zweifel steht, so haben wir in diesen
beiden Veränderungen [1]) zwei Factoren für diese Aenderung der
Function gewonnen, die wahrscheinlich als wesentlicher in ihrer
Wirkung gelten dürften, wie die bisher als allein wirksam ange-
nommene „Erschütterung der Nervensubstanz und Nervenzellen", wie
sie erfolgen soll durch die bei der Dehnung gesetzte Aenderung der
Gleichgewichtslage der Cohäsionskräfte in den Elementarbestand-
theilen. Wie viel bei der Art und Weise unseres Eingriffes an
Wirkung diesem Factor anheimfällt, ist nach dem oben über die
Dehnbarkeitsgrenze der Nerven an und für sich zum Theil wohl zu
abstrahiren, so wenig eine Wirkung im allgemeinen dieser Aenderung
des labilen Gleichgewichtes abgesprochen werden darf.

---

1) Dass bei den erwiesenen Veränderungen an den Blutgefässen analoge
Aenderungen an den Lymphgefässen der Nerven vorliegen, ist wohl kein
unberechtigter Schluss. Zur anatomischen Nachweisung dieser bedürfte es bis
jetzt noch der Meisterhand eines Key und Retzius und begnüge ich mich hier
um dem weiten Felde der Hypothese ferner zu bleiben, mit Schlüssen aus den
an den Blutgefässen nachgewiesenen Veränderungen.

II. Untersuchungen über die Wirkung der Nervendehnung unter pathologischen Verhältnissen.

Wollen wir aus der Wirkung der Dehnung am normalen Nerven Schlüsse auf die Wirkung dieses Eingriffes bei Erkrankungen der Nerven machen, so müsste das zur Berechtigung unserer Schluss-folgerung nothwendige Mittelglied ebenfalls als bekannte Grösse ge-geben sein, d. h. wir müssten die pathologischen Veränderungen bei den einzelnen Erkrankungen kennen. Leider begeben wir uns aber mit der Untersuchung dieser Veränderung auf ein keineswegs be-kanntes Terrain. Abgesehen von den mehr chronischen oder ledig-lich degenerativen Processen sind weder für die relativ leichtesten Formen der Nervenerkrankungen, wie sie als sogenannte periphere Neuralgie sich uns darbieten, noch für die schwerste unter den acuten Affectionen, wie sie uns klinisch im Tetanus entgegen tritt, durch die pathologisch-anatomischen Befunde einigermassen sichere Substrate zur Beurtheilung der primären Veränderungen geliefert. Auch das Experiment lässt uns hier bis jetzt noch ganz im Stiche.

Ich habe bereits an anderer Stelle (Beitrag zur Neuro-chirurgie) erwähnt, dass es mir bisher noch nicht gelungen sei, durch einschlägige Thierexperimente ähnliche Verhältnisse zu schaffen, wie wir sie zum Theil muthmassen bei den Neuralgien solcher Nerven, die durch Knochencanäle und andere festwandige Passagen hindurch verlaufen.

Auch den traumatischen Tetanus experimentell zu reproduciren, habe ich nicht das Glück gehabt.

Die Wiederholung der vielfach citirten Experimente von Brown-Séquard, der durch Einschlagen eines Nagels in den Fuss eines Hundes Tetanus erzeugte und denselben dann durch Resection der Plantarnerven coupirte, ergab mir nur negative Resultate. Den Ver-such in allen Details genau wie Brown-Séquard ausgeführt zu haben, kann ich allerdings nicht belegen, da ich diesen von Anderen oft citirten Versuch von Brown-Séquard selbst beschrieben nicht habe auffinden können. Ich habe an Hunden zahlreiche ähnliche Versuche gemacht durch Eintreiben anderer fremder Körper direct in die Nerven, ebenso an dem sonst zum traumatischen Tetanus in-

clinirenden Schaf, an letzterem durch Einheilenlassen eines Glas-
splitters in den Nervus peronaeus, allein nie eine Andeutung von
Wundstarrkrampf beobachten können. Ebensowenig konnte ich denselben durch Wiederholung der von Arloing und Tripier be-
gonnenen Experimente, Injection zersetzten Eiters oder mechanische
Insultation durch Quetschung u. s. w. bei den genannten Thieren
erzielen.

Sowohl gelegentlich einiger dieser Experimente wie auch durch
andere ad hoc angestellte Versuche erhielt ich Erkrankungen der
Nerven, die in ihren Gesammterscheinungen erst in neuerer Zeit eingehendere Würdigung erfahren haben: es stellten sich nicht selten
verschiedene Formen der traumatischen Neuritis dar. Die
lichtvolle Arbeit Nothnagel's über die Neuritis eröffnete uns neue
wichtige Gesichtspunkte in dem Chaos der Neuropathologie. Es schien
daher geboten, den Werth der Nervendehnung bei dieser in diagnostischer und pathologischer Hinsicht näher beleuchteten Erkrankung
zu prüfen.

Schon Tiesler, Klemm, Feinberg und Nothnagel selbst
haben eingehendere experimentelle Studien über die Neuritis gemacht.

Durch Einlegen von (reinen) fremden Körpern — ich benutzte
Glassplitter — unter die Nervenscheide und in die Nervensubstanz
selbst erhielt ich an grösseren Thieren keine genügenden Resultate.
Von den Versuchen an kleineren Thieren, besonders Kaninchen, stand
ich bald gänzlich ab, da ich nicht die Ueberzeugung gewinnen
konnte, reine Vorgänge der Controle unterwerfen zu können. Man
erhält bei diesen Thieren theils durch die Reaction auf den operativen Eingriff selbst, auch bei subtiler Manipulation, theils durch die
besondere Neigung dieser Individuen zu Eiterungen und käsigen
Abscedirungen, bald Veränderungen und degenerative Processe am
Nerven, die bei grösseren Thieren auf gleiche Eingriffe ganz und
gar nicht auftreten, so dass ich mich nicht berechtigt glaubte, die
ganze Kette der Folgezustände dem mechanischen Insult des Nerven
selbst direct zuzuschreiben.

Am Schaf, am Hund ist der Vorgang durchaus anders. Bringt
man in die Nervenscheide oder auch zwischen die Fibrillen des blosgelegten Nervus peronaeus oder ulnaris, die beide durch einfachen
Hautschnitt leicht freizulegen sind, einen oder mehrere in Zwischen-
räumen gelagerte Glassplitter, so erzielt man bei vorsichtiger Operation und guter Vereinigung eine Heilung ohne merkliche Eiterung.
Das Thier hinkt wohl etwas nach der Operation, auch noch die
nächsten Stunden, allein schon am folgenden Tage sind bei äusserem

Anblicke in den Bewegungen kaum Störungen zu bemerken; jedenfalls ist weder jetzt, noch in der folgenden Zeit auch bei genauerer Prüfung in der Motilität oder Sensibilität irgend welche erhebliche Störung zu constatiren. Untersucht man solche Thiere nach 3 bis 6 Wochen, so findet man, ohne irgend welche auffällige Veränderung am übrigen Nerven oder dessen Umgebung, an der Operationsstelle die Nervenscheide etwas fester adhärent, auch narbige Verdickung des sonst lockeren Bindegewebes, und den Glassplitter im Nerven selbst durch Bindegewebe überwuchert und fest eingefilzt. Der durch den Fremdkörper gesetzte Reiz kann also nur von geringer Ausdehnung und relativ kurzer Dauer gewesen sein. Ich konnte also auch diese Insultation mit ihren etwaigen Folgen nicht zur Controle eines gegen sie in Anwendung gezogenen therapeutischen Eingriffes in Betracht ziehen.

Weitgreifendere Veränderungen erhielt ich auch beim Hunde durch Anwendung der von Klemm benutzten chemischen Reizmittel und zwar wandte ich vorwiegend die Solutio arsenicalis Fowleri an. Ich theile einen Fall hier in seinem Verlaufe mit.

Einem ausgewachsenen Pudel wird hinter dem Condylus externus tibiae am rechten Knie durch Längsschnitt durch die Haut der Nervus peronaeus freigelegt, dann mittelst einer Pravaz'schen Spritze, deren Canüle in centripetaler Richtung unter dem Neurilem dicht auf dem Nerven hingleitend nach oben geschoben wird, so dass die Oeffnung an der Spitze dem Nerven zugewandt ist, 10 Tropfen der Solut. Fowleri eingespritzt. Nachdem festgestellt ist, dass Nichts zurücktritt und durchsickert, wird die Canüle rasch herausgezogen und die Wunde durch Suturen fest geschlossen. Unmittelbar nach der Operation setzt der Hund den Fuss zwar etwas vorsichtiger an, läuft jedoch munter umher und zeigt auf Druck in den nächsten Stunden keine merkliche Empfindlichkeit am Fusse. Nach 24 Stunden wird der Fuss nicht mehr angesetzt. Nach 48 Stunden scheint auch das Allgemeinbefinden gestört: das sonst muntere, überaus lebhafte Thier ist deprimirt, kriecht scheu auf drei Füssen umher, lässt sich am Fuss kaum berühren, zittert am ganzen Beine, beim vorsichtigsten Betasten zuckt der Fuss sofort zurück. Am 4. Tage knickt der Hund auch auf dem linken Fusse ein und schleicht zum Futter, das er nur als flüssige Nahrung nimmt. Auf Berührung der Lendengegend des Rückens zuckt und zittert das Thier an den unteren Extremitäten. Am 5. und 6. Tage noch fast gleicher Zustand. Dann kehrt im Verlaufe von 8 Tagen das Befinden zur Norm zurück. Die Bewegungen werden lebhafter und erscheint nach 3 Wochen das Thier vollkommen

gesund, wenn auch die Bewegungen der Hinterbeine oft nicht mit
der alten Energie ausgeführt werden.

Trotz der rapide sich steigernden Symptome, wie sie auf eine
eingetretene, centripetal fortschreitende und im Rückenmark auch
die andere Seite betheiligende Neuritis migrans bezogen werden
müssen, trat also kein ungünstiger Verlauf, sondern Heilung ein. .
Ueberhaupt war ich trotz mannigfacher Modificationen des Versuches
nicht im Stande, eine Steigerung des Processes etwa bis zum tödt-
lichen Ausgange zu erzielen, ja es gelang mir auch nicht, dauernde
Lähmungen oder Convulsionen zu produciren. Da mithin auch ohne
therapeutischen Eingriff wenigstens die schwersten Folgezustände
nach der Verletzung von selbst rückgängig wurden, so ist der bei
diesen Erkrankungen in Anwendung gezogenen Vornahme der Nervendehnung nur ein relativer Werth in der Wirkung beizumessen. Dieser
ist aber ausser allem Zweifel auch durch unser Experiment festgestellt.
Nimmt man nämlich beim Hunde, bei dem durch das genannte Trauma
die Symptome der fortschreitenden Neuritis vom Peronaeus aus gerade
in Blüthe stehen (bei dem oben beschriebenen Fall am 3. Tage)
central von der primären Entzündungsstelle, an der Hüfte, die Bloslegung und Dehnung des Nervus ischiadicus vor, so tritt eine sicht-
liche Coupirung des Processes ein. Nicht nur werden die Symptome
der bestehenden Entzündung durch den neuen operativen Eingriff
nicht gesteigert, vielmehr tritt nach demselben ein erheblicher Nachlass ein. Die Hyperästhesie ist geschwunden, der Fuss wird zwar
noch nicht fest angesetzt, allein die durch die Schmerzen bedingten
Steigerungen der Bewegungsstörung sind gehoben. Neben diesem
augenblicklichen Erfolg ist auch ein weiterer zu constatiren: dem
Fortschreiten der Affection nach dem Rückenmarke und daraus folgenden Uebergreifen auf benachbarte Regionen ist entschieden vorgebeugt. Ich konnte nach dem Eingriffe nie eine spätere Mitbetheiligung der anderen Extremität wahrnehmen.

Haben wir somit im klinischen Bilde durch das Experiment nicht
zu übersehende Anhaltspunkte für die Wirkung der Dehnung am
erkrankten Nerven gewonnen, so gewinnen dieselben noch durch die
anatomischen Untersuchungen ihre Bestätigung und Vervollständigung.

Bei der Untersuchung der pathologisch-anatomischen Veränderungen an den Nerven und ihrer Umgebung nach der künstlichen
Erzeugung einer traumatischen Neuritis erhielt ich nur zum Theil
analoge Bilder, wie sie von den früheren Experimentatoren beschrieben wurden. Die hochgradigen Veränderungen, wie sie z. B.
Klemm in seiner Versuchsreihe wiederholt citirt und aus einem

Falle in der Abbildung wiedergibt, habe ich an den Thieren nicht
wieder gefunden und mag hierbei wohl mit die Wahl des Individuums
von Einfluss gewesen sein. Fortschreitende Neuritis und besonders
Perineuritis, wie sie sich durch stärkste Injection und Schwellung
des Neurilems zu erkennen gab und vorwiegend an den typischen
Punkten der Gefässverbreitungsbezirke concentrirt, war meist in allen
Fällen zu constatiren. Fig. 7 (s. Taf.) illustrirt im mikroskopischen
Bilde die ausserordentlich reichliche Gefässentwickelung im Neurilem
an solchen entzündeten Partien. Beim Vergleich dieses Bildes mit
den anderen beiden Abbildungen der Längsschnitte vom gleichen
Nervenstücke im normalen Zustande Fig. 5 und nach vorangegangener Dehnung Fig. 6 treten nicht nur die Unterschiede zwischen dem
normalen und entzündeten Nerven in die Augen, sondern auch der
Umstand, dass die starke Gefässerweiterung und Schlängelung, wie
wir sie nach der Dehnung vorfinden, nicht etwa durch bereits eingeleitete Entzündung hervorgerufen wird, wird durch die Differenz
des Bildes vom gedehnten und des entzündeten Nerven hinlänglich
illustrirt. Schicken wir voraus, dass wir allein am todten Präparate
selbstredend nie einen Process im lebenden Gewebe verfolgen können,
also auch nicht die Entzündung, einen rein vitalen Vorgang, im Ob-
jecte repräsentirt erwarten dürfen, sondern nur das jeweilige Resultat
des betreffenden Stadiums im Bilde wiederfinden können, während
der Process selbst am lebenden Schritt für Schritt verfolgt werden
muss, so finden wir im Präparate, wie es von einer kurze Zeit bestehenden traumatischen Perineuritis gewonnen wurde, neben der
zum Theil nicht unerheblichen Erweiterung der Gefässe vor Allem
die grosse Anzahl von Gefässen und feinen Capillaren auffallend, die
uns in jedem Gesichtsfelde fast den Nerven selbst ganz verdecken.
Dieser ausserordentliche Gefässreichthum, wie er nur eine Folge der
reichlichen Gefässneubildung bei der fortschreitenden Entzündung
sein kann, ist ein wesentlicher Unterschied von der beim gedehnten
Nerven vorfindlichen Erweiterung und starken Schlängelung der bestehenden Gefässe. Wenn auch in den späteren Zeiträumen nach
der Dehnung eine theilweise Gefässneubildung durch die Präparate
nachgewiesen wird, so ist unmittelbar nach der Dehnung hiervon
nicht die Rede und doch finden wir gerade hier die auffällige genannte Veränderung. Insofern ergab also auch der Vergleich der
bei unseren Entzündungsexperimenten gewonnenen Präparate mit
den früheren einen Beleg für die Richtigkeit der oben gegebenen
Erklärung dieser Bilder.
     Untersucht man nun den Nerven eines Thieres (es liegen mir

nur Nn. ischiadici vom Hunde vor), bei dem im Stadium einer be-
ginnenden traumatischen Neuritis die Dehnung des Nervenstammes
— in der Weise, wie wir es oben beschrieben — vorgenommen
wurde, so finden wir das Bild, wie es die anatomische Präparation
ergibt, keineswegs sehr auffällig. Wir finden fast ein ähnliches Bild,
wie wir es für die Neuritis im betreffenden Stadium kennen lernten,
nur fallen an den charakteristischen Injectionsstellen zahlreiche Ekchymosen im Neurilem und der nächsten Umgebung auf, die sich
ebenso an den Eintrittsstellen der Nervenzweige in die Muskelmasse
hervorheben. Dieser bei der ersten Untersuchung meist schon in die
Augen fallende Umstand macht auch die richtige Beurtheilung der
mikroskopischen Bilder schwierig. Neben den erweiterten und geschlängelten Gefässverästelungen findet man an den Injectionspräparaten die zahlreichsten Extravasate von Farbstoff, die oft die Details
des Objectes verdecken, aber eben durch ihr regelmässiges Vor-
kommen wieder Rückschlüsse auf die Wirkung des Processes der
Dehnung am entzündeten Nerven gestatten. Wir müssen annehmen,
dass durch die Ueberdehnung der dünnwandigen Gefässe, wie sie
zum Theil bei der Gefässneubildung sich vorfinden, leichter wirkliche
Gefässrupturen bewerkstelligt werden, die, wenn sie auch durch den
operativen Eingriff nur in minimaler Ausdehnung eingeleitet worden
sind, doch bei der nachfolgenden Farbstoffinjection vielfach vervollständigt werden.

Einen sicheren Beweis, dass diese Extravasationen nicht etwa
durch abnorm starken Druck bei der Vornahme der Gefässinjection
künstlich producirt sind, können wir in der Thatsache finden, dass
wir bei allen Versuchen gleichzeitig die Granulationen in dem Resi-
duum der Operationswunde bis auf die äusserste Oberfläche hin
durchaus bis in die feinsten Capillarschlingen hin in schönster Weise
injicirt vorfanden, ohne jegliche Extravasate, die doch gerade bei
diesen ebenfalls dünnwandigen (aber nicht gedehnten!) Gefässbüscheln
ausserordentlich leicht eintreten.

Wir müssen nach diesen Resultaten unserer Untersuchungen von
vornherein anerkennen, dass die positive Erkenntniss der Wirkung
der Nervendehnung unter pathologischen Verhältnissen eine ausserordentlich mangelhafte ist. Die grossen noch auszufüllenden Lücken
liegen aber, wie wir eingangs sahen, zunächst eben noch in dem Gebiet der Neuropathologie überhaupt und müssen wir uns daher be-
scheiden, wenn wir aus den experimentell zu reproducirenden Affectionen auch nur einen kleinen Beleg für die Wirkung unseres Eingriffes unter pathologischen Verhältnissen abstrahiren können.

III. Casuistik und Beurtheilung der bisherigen klinischen Resultate der Nervendehnung.

Um nach dem Standpunkte, wie er durch die angeführten Untersuchungen gewonnen wurde, die bisherige klinische Erfahrung über die Nervendehnung beurtheilen zu können, ist eine Analyse der publicirten Fälle erforderlich und wollen wir eine, wenn auch nicht vollständig referirende, doch die Hauptpunkte der Operationen zusammenfassende Casuistik der publicirten Fälle vorausschicken.

1. Billroth (1869 Operation, 1872 Publication), Bloslegung des N. ischiadicus.

„Es handelt sich um einen 25jährigen Mann, der am 16. Februar 1869 mit einem 60 Pfund schweren Actenbündel im Arm von der Leiter mit der rechten Gesässhälfte auf die Tischecke, von da auf den Zimmerboden fiel.. Dieser Verletzung folgten anfangs gewisse Contractionen in der betroffenen Extremität, nach einigen Wochen vollständige, sehr complicirte, zum Theil mit Bewusstlosigkeit verbundene Krampfanfälle sämmtlicher Körpermuskeln (epileptische Anfälle?), die zeitweise typisch, scheinbar spontan auftraten, indess auch durch Berührung einiger Wirbelfortsätze, Druck auf den Ischiadicus im ganzen Verlaufe, Druck auf die Wadenmuskeln u. s. w., theils unvollständig, theils vollständig hervorgerufen werden konnten.

Am 5. Juli wurde folgende Operation ausgeführt: „Als der sehr aufgeregte Patient den Operationstisch bestiegen hatte und kaum lag, traten einzelne Zuckungen und Stösse in der kranken Extremität ein, dann begann der Opisthotonus. Während dessen war die Narkose mit Chloroform eingeleitet und begann bereits zu wirken, wodurch wie es schien der beginnende Anfall coupirt wurde. Als Anästhesie eingetreten war, wurde Patient auf den Bauch gelegt und nun machte ich entsprechend dem N. ischiadicus zwischen dem rechten Tuber ischii und Trochanter einen 8 Zoll langen Schnitt, drang in die Tiefe zwischen die Muskeln ein bis zum Nerven; dabei bluteten einige durchschnittene Arterien und wurden unterbunden. Da ich bei Exstirpation von carcinomatösen Achseldrüsen und noch vor einem Jahr bei Ablösung eines mannskopfgrossen Fibroms vom N. ischiadicus

beobachtet hatte, dass die Nerven durch das Auslösen aus ihrer
Umgebung auf weite Strecken hin weder in ihrer Umgebung, noch
in ihrer Function gestört werden, wagte ich es ohne Besorgniss, mit
den Fingern den Nerven ganz aus seiner Umgebung auszulösen und
ihn nach oben mit den Fingern bis zur Incisura ischiadica ins Becken
hinein zu verfolgen, so weit es möglich war; ich glaube, die einzelnen Stränge, aus denen der Nerv sich zusammensetzt, deutlich gefühlt
zu haben, ja sogar bis an die unteren Foramina sacralia mit den
Fingern vorgedrungen zu sein. Diese Manipulation hatte den Zweck,
irgend eine Abnormität am Nerven oder in dessen Nähe aufzufinden
— doch vergeblich. Alles verhielt sich für Auge und Gefühl normal;
ich hatte den dicken Nervenstamm zwischen den Fingern hervorgehoben, doch es war auch nicht die leiseste Abnormität zu sehen.
Auch das Tuber ischii war normal, keine Dislocation von Fragmenten,
kein Callus fühlbar. Es war nichts weiter zu machen, als die Wunde
oben theilweise wieder zu schliessen und sie nach unten für Abfluss
des Secretes offen zu halten. Während aller dieser Manipulationen
am Nerven war keine Spur von Zuckungen am Beine eingetreten,
keine Andeutung von Krampf. Als die Narkose nachliess und Patient
halb und halb zum Bewusstsein kam, stöhnte er etwas über Schmerz
in der Wunde, dann begann das kranke Bein sich zu strecken, Opi-
stothonus trat ein; es lief ein Krampfanfall von mässiger Intensität
und Dauer ab; nach demselben war Patient ziemlich bei sich, klagte
über brennenden Wundschmerz. Die aus der Wunde während des
Krampfanfalles aufgetretene Blutung war unbedeutend und stand
spontan. Ich hatte den Eindruck, die Operation sei nutzlos gewesen
und ging ziemlich deprimirt nach Hause.

Die Wundheilung verlief durch zwischentretende Eitersenkung in
der Umgebung des N. ischiadicus, die weite Incision nöthig machte,
so dass die Wunde nun 14 Zoll lang war, langsam, so dass die definitive Heilung erst nach etwa einem Jahre erreicht war.

Der Verlauf der Krampferscheinungen war derartig, dass der
Kranke, als er nach dem Krampfanfalle unmittelbar nach der Operation zu sich kam, das Bein activ etwas bewegen konnte. Am 1.
und 2. Tage kein Krampf. Dann einzelne Anfälle. Am 20. Tage
nach der Operation der letzte vollständige Paroxysmus. Am 15. October 1869 reist Patient mit kleiner, gut benarbender Wunde ab,
befreit von seinen Krämpfen mit activer Beweglichkeit
seines Beines, die nur noch durch die Narbe genirt ist.

Im December 1869 trat Entzündung sämmtlicher Nagelbetten
der kranken Extremität ein. Später heftige Neuralgien, auch Krampf-

anfälle. Im März 1871 Entfernung des Nagels und Nagelbettes der
grossen Zehe. Seit dieser Operation sind keine Anfälle mehr auf-
getreten.

2. v. Nussbaum (1872). *Bloslegung und Dehnung des Plexus brachialis.*

Hailer, 23 Jahr alt, wurde am 1. September 1870 bei Bazeilles
mit einem Gewehrkolben auf den Nacken und auf den linken Ellenbogen geschlagen, bekam am Nacken einen Abscess, der geöffnet und
geheilt wurde, alsbald aber eine Contractur der linken Brust, des
ganzen linken Oberarmes, Vorderarmes und der Hand zur Folge
hatte. „Ich fasste den Plan: die vier unteren Halsnerven bis zu
ihrem Austritt aus der Wirbelsäule zu verfolgen und an dieser Stelle
vielleicht vorhandene Adhäsionen zu lösen und die Nervenstränge
selbst zu dehnen und so auf das nachbarliche Rückenmark einzu-
wirken. Es schwebte mir die Möglichkeit vor Augen, dass der ver-
narbte Nackenabscess etwa Nervenstränge fest umschliesse und deren
Lösung den tonischen Krampf heben möchte. Am 15. Februar 1872
wurde H. bis in das Stadium vollkommener Toleranz narkotisirt und
ich begann die Operation mit einem Längsschnitte am Ellenbogen,
spaltete die Haut hart neben dem Nervus ulnaris in einer Länge von
10 Ctm., hob den N. ulnaris aus seiner Knochenrinne heraus, dehnte
ihn sanft, legte ihn wieder an seinen Platz, reinigte die Wunde und
nähte sie zu. Da auch ein Schlag auf das Ellenbogengelenk geschehen
war, hielt ich auch hier abnorme Adhäsionen für möglich. Ueberhaupt wollte ich die Hauptnerven auf ihrem ganzen Wege verfolgen.

Einen zweiten Schnitt machte ich in die Achselhöhle hart über
der Art. axillaris, ebenfalls 10 Ctm. lang. Ich zog nun alle um die
Art. axillaris herumliegenden Nerven einzeln zur Wunde heraus, sowohl Hautnerven als Muskelnerven, welche man wohl sehr schwer
von einander unterscheiden können dürfte, wobei ich aber den Nervus medianus, radialis und ulnaris dadurch diagnosticirte, dass während ihrer Zerrung die von ihnen versorgten Finger stark zuckten,
was alle Zuschauer sichtlich interessirte. Sodann reinigte ich die
Wunde von Blut und nähte sie zu.

Endlich machte ich einen 10 Ctm. langen Querschnitt über der
grössten Wölbung der linken Clavicula, gerade so, als wollte ich an
dieser Stelle die Subclavia unterbinden. Ich durchtrennte das Platysma myoides, legte das Messer sodann bei Seite und präparirte
mit 2 Pincetten die theils vor, theils hinter der Subclavia liegenden

Nervi cervicales spinales inferiores, hob sie mit den Fingern heraus, dehnte sie dadurch, verfolgte auch jeden einzeln mit meiner rechten Zeigefingerspitze bis zur Wirbelsäule, was leichter gelang, als ich es mir gedacht hatte. An ihren Austrittsstellen schob ich sie nach oben, unten, links und rechts, zerrte sie mit einem Worte dem Centrum so nahe als möglich. Schliesslich brachte ich auch an jedem Nerven einen mässigen Zug an, in der Richtung, als wollte ich den Nerven aus dem Rückenmarke herausziehen.

Während dieser Eingriffe, denen alle meine Zuhörer mit seltner Stille und Aufmerksamkeit zusahen, traten wieder heftige Zuckungen der linken Arm- und Pectoralismuskeln auf. Sodann legte ich die Nerven, welche mir länger geworden zu sein schienen, wieder an ihren Platz. Eine Abnormität hatte ich während dieser Manipulationen nicht entdeckt. Nirgends fanden sich stärkere Adhäsionen, nirgends Verdickungen des Neurilems. Zwei kleine Hautgefässe spritzten und wurden unterbunden. Die Wunde wurde aber sorgfältigst gereinigt und zugenäht. Nun hatte ich also sämmtliche bei dieser Anästhesie und bei diesen Krämpfen betheiligten Nerven so weit als möglich verfolgt und war überzeugt, dass meine Dehnungen auch dem Rückenmarke fühlbar geworden waren. Die vier oberen Halsnerven anzugreifen fand ich für überflüssig, weil der Nervus phrenicus keine Alteration zeigte, weil nie Athemnoth, nie Zwerchfellkrämpfe u. s. w. beobachtet worden waren.

Die Narkose war eine tiefe und langdauernde gewesen, weshalb der Kranke nur langsam daraus erwachte. Mit ungläubigen Gedanken blieb ich vor dem Operationstische stehen, denn da auch bei allen früheren Chloroform-Narkosen die Krämpfe gänzlich gewichen waren, hielt ich den guten, entspannten Zustand der Muskeln noch immer für Chloroformwirkung. Allein dieser erwünschte Zustand, der sonst jedesmal rasch und schon lange vor dem gänzlichen Erwachen wieder in den heftigsten Krampf übergegangen war, blieb zu unserer unendlichen Freude und Ueberraschung bestehen.

Der Kranke war bereits vollkommen erwacht, antwortete auf jede Frage und hatte schon wieder ein klares Bewusstsein und dennoch war nichts von einem Muskelkrampfe zu sehen. Vorderarm und Finger konnten willkürlich und mühelos gestreckt und gebeugt werden. Die Haut auf der Dorsalseite des Vorderarmes, welche eine Minute vor der Operation noch so pelzig und gefühllos war, dass man sie schmerzlos mit Nadeln stechen und mit Siegellack brennen konnte, war jetzt so feinfühlend, dass H. die leiseste Berührung einer Fingerspitze bei verbundenen Augen erkannte. Seit dem

Schlage war dies das erste Mal, dass die Finger willkürlich bewegt werden konnten.

Es war also hiermit eine neue Erfahrung gewonnen: Bloslegung des Plexus brachialis und Dehnung der vier Nervi cervicales inferiores hatten die Lähmung der Gefühlsnerven und den Krampf der Bewegungsnerven sofort besiegt.

Unsere Freude über diesen Fund, über dieses neue Mittel gegen Lähmung und Krampf wuchs von Stunde zu Stunde, denn die Functionsfähigkeit der leidenden Theile wurde immer grösser. Ich hatte die Besorgniss ausgesprochen, dass der alte schlimme Zustand vielleicht wieder zurückkehren würde, wenn die Wunden der operativen Eingriffe mit Granulationen ausgefüllt und die Narbencontraction eintreten würde. Viele Collegen theilten diese Besorgniss mit mir und meinten, der glückliche Erfolg könnte nur dadurch entstanden sein, dass ich bei den geschehenen Manipulationen mehrere Pseudoligamente, abnorme Adhäsionen u. s. w., welche nach dem Kolbenschlage entstanden sein mochten, gelöst hätte. Mir selbst war aber während der Operation nicht die geringste Abnormität aufgefallen. Ich hatte nirgends feste Verwachsungen, nirgends knotige Anschwellungen gefunden, sondern ich musste offen gestehen, dass ich Alles gerade so wie unter normalen Verhältnissen gefunden hatte; ich selbst war daher überzeugt, dass es nur die Dehnung der Nervenstränge oder die Zerrung am nachbarlichen Rückenmarke war, welche diese glänzende Heilung gebracht hatte, obwohl ich zugebe, dass vielleicht ohne mein Wissen eine oder andere von mir gar nicht gefühlte abnorme Adhäsion durch mein Verfahren gelöst worden sein konnte.

Die Besorgniss, dass der frühere Zustand wiederkehren könnte, erwies sich als grundlos. Durch zwischentretende Eitersenkungen und Erysipele verzögerte sich die Wundheilung, so dass sich Patient erst 102 Tage nach der Operation als genesen verabschiedete.

3. Gärtner (1872). Bloslegung und Dehnung des Plexus brachialis.

Ein 38 Jahr altes anämisches Fräulein war seit 34 Jahren auf der ganzen rechten Körperhälfte gelähmt. Ein heftiges Scharlachfieber, welches sie im 4. Lebensjahre durchgemacht hatte, war mit einer starken Parotiden-Geschwulst und einem Schlaganfalle (vielleicht Meningitis) gepaart gewesen. Gegen diese Lähmung wurden in diesen 34 Jahren alle erdenklichen Curen angewandt, allein Alles ohne jeden Erfolg. Deshalb war nun auch der rechte Arm sehr abgemagert und die Hand krallenförmig eingezogen. Die Empfindung hingegen war

überall erhalten. Es wurde die leiseste Berührung des Fingers überall verspürt. Besonders empfindlich war der Druck auf den Plexus
brachialis. Die Kranke klagte hier über grosse Schmerzen längs
der Brachialnerven. Die geistig sehr begabte Dame hatte in dieser
langen Zeit mit der linken Hand schreiben gelernt und als Schrift-
stellerin den ganzen Tag geschrieben. Im October 1871 kamen aber
ohne bekannte Veranlassung am gelähmten Arme Tag und Nacht
unausstehliche, ziehende, nagende Schmerzen, welche ihr sogar den
Schlaf gänzlich raubten und das Leben zur Qual machten, so dass
sie alles mit sich vornehmen zu lassen versprach, wenn sie nur die
Schmerzen wieder los werden könnte. G. machte die Operation am
gelähmten rechten Arme gerade wie v. Nussbaum, nur gebrauchte
er statt der Finger zum Dehnen der Nerven einen stumpfen Arterien-
haken, den er unter die einzelnen Bündel schob. Beim Bloslegen
des Plexus brachialis erschienen ihm zwei Stränge, seiner Schätzung
nach der Cutaneus externus und internus, auffallend verfärbt und
dünner als gewöhnlich. Der Erfolg der Operation war ein wahrhaft
glänzender. Als die Kranke erwachte, klagte sie sehr über die Folgen
der Narkose, aber die ziehenden grossen Schmerzen waren wie weg-
geblasen und blieben weg.

Leider wurde die anfangs gute Eiterung bald schlecht und dünn,
der Appetit verlor sich und am 12. Tage kam plötzlich eine starke
Blutung aus der Vena jugularis, obwohl bei der Operation dieselbe
nicht verletzt noch freigelegt war, auch keine Arterienunterbindung
nöthig gewesen war. Die Blutung wurde durch Tamponiren gestillt.
Allein Abends kam ein Schüttelfrost, der sich zwei Tage nachher
ebenso wie die Venenblutung wiederholte. Am 15. Tage kam in
Gegenwart der Aerzte eine dritte Blutung, welche mit einem glucken-
den Geräusche gepaart war und offenbar durch Lufteindringen in die
Vene dem Leben sofort ein Ende machte. Bei der Untersuchung
zeigte sich ein linsengrosses ulcerirtes Loch in der V. jugularis.

4. *Patruban (1872). Bloslegung und Dehnung des Nervus ischiadicus.*

Es handelt sich um eine seit 3 Jahren bestehende linksseitige
Ischias bei einem Kaufmanne, welcher nach Erschöpfung aller andern
Mittel sich zu dem operativen Eingriff verstand. Der Nerv wurde
an seinem Austritt aus der Incisura ischiadica major am unteren
Rande des Musculus pyriformis blosgelegt, freipräparirt und dann
kräftig gedehnt, so dass auch die im Becken liegenden Nervenwurzeln
von dem Zuge getroffen wurden. Der Erfolg war ein recht günstiger,

nur traten nach Heilung der Wunde von Zeit zu Zeit einzelne, jedoch
nur kurz andauernde geringe Schmerzempfindungen längs des Waden-
beines und am inneren Knöchel auf.

5. *Vogt (1874). Loslösung und Dehnung des Nervus ulnaris.*

Die Patientin hatte sich 1872 durch Fall auf eine Scherbe eine
quer über die Ulnarseite des unteren Drittheils des rechten Vorderarmes laufende Lappenwunde zugezogen. Diese Verletzung war auf
dem Wege der Eiterung mit starker Wulstung des Lappens geheilt,
doch waren die Bewegungen des 4. und 5. Fingers durch theilweise
Anlöthung der entsprechenden Flexorensehnen erheblich behindert,
und wenn sich auch nach und nach durch allmähliche Dehnung der
Narbe die Bewegungsexcursionen den normalen wieder näherten, so
waren die Versuche der ausgiebigeren Bewegungen doch sehr schmerzhaft und blieb vor allem ein Punkt in der Narbe auch auf die ge-
lindeste Berührung in der Weise empfindlich, dass bei jeder Berührung dieser Stelle ein intensiver, in den 4. und 5. Finger ausstrahlen-
der Schmerz entstand, der sich im Laufe der Monate schliesslich ohne
directe Insultation der Narbe bei den gewöhnlichsten Bewegungen
der Hand einstellte. Es wurde vom behandelnden Arzt eine Incision
auf diese Stelle gemacht, um einen eventuell eingewachsenen Fremdkörper zu entfernen, doch ohne Resultat. Nach Heilung der Operationswunde waren die Functionsstörung und die Schmerzanfälle dieselben. Da sich diese Beschwerden mit der Zeit noch steigerten
und 1873 der örtliche Befund sich in der Weise ergab, dass der intensiv schmerzhafte Punkt in der wulstigen Narbe am Vorderarme
genau dem Verlaufe des Nervus ulnaris entsprach, auch die ausstrahlenden Schmerzen ziemlich exact mit der peripheren Verbreitung
des Nerven übereinstimmte, so stellte ich die Diagnose auf Vorhandensein eines durch Druck den N. ulnaris an dieser Stelle insultiren-
den Fremdkörpers oder auf die Entwickelung eines Neuroms an dieser
Stelle unter der Narbe. Der hierdurch gegebenen Indication entsprechend wurde genau im Verlaufe der A. ulnaris eine 3 Ctm. lange
Incision quer durch die Narbe gemacht, die zu Tage tretende Gefässscheide nach aussen herüber gehalten, mit dem Elevatorium die mit
den darunter liegenden Weichtheilen fest verfilzten Ränder abgehebelt,
besonders an der mitbetheiligten Sehne des Flexor carpi ulnaris, ohne
dass sich bei weiterem Suchen ein Fremdkörper in der Tiefe entdecken liess, oder an dem jetzt besichtigten N. ulnaris eine etwaige
Neurombildung vorfand; wohl aber zeigte sich letzterer in seinem

verhältnissmässig stark injicirten Neurilem rings herum fest eingewachsen in die umgebenden narbigen Gewebe, aus denen er nur mit
Mühe mit dem Elevatorium soweit hinausgeschält werden konnte,
dass er wie eine Arterie auf der Ligaturnadel auf dem darunter ge-
schobenen Elevatorium emporgehoben und nach peripherer und centraler Richtung hin gedehnt werden konnte. Der Erfolg war ein
derartiger, dass vom Momente der Operation neuralgische Erscheinungen nicht mehr auftraten. Nach Ablauf von 4 Wochen waren Bewegungen von Hand und Finger in den ergiebigsten Excursionen
hergestellt. Die Heilung ist, wie Beobachtung nach Jahresfrist ergab,
von Bestand.

*6. v. Nussbaum (1875). Bloslegung und Dehnung des Nervus tibialis
und peronaeus bei Reflexepilepsie.*

Der 21 jährige Patient mit ausgebildetem Pes varo-equinus leidet
seit 9 Jahren an epileptischen Anfällen, die sich in der letzten Zeit
bis zu 5—6 maliger täglicher Wiederkehr steigerten, trotz aller angewandten Mittel. Vor jedem Anfalle bekam er Schmerzen in dem
Klumpfusse im Verlaufe des N. ischiadicus. Der Endast desselben
in der Kniekehle der N. tibialis war der schmerzhafteste Theil. Bald
nach dem Schmerz trat der Anfall ein. Nachdem der Kranke auf
die rechte Seite gelagert, wird unter genauer Antisepsis der N. tibialis und peronaeus mit einem 7 Ctm. langen Längsschnitt in der
Kniekehle blosgelegt, mit darunter geschobenem Zeigefinger stark
ausgedehnt, indem in centripetaler und centrifugaler Richtung kräftig angezogen wurde. Hierbei entstanden heftige Muskelzuckungen.
Schliesslich wurden die Nerven, die an ihrer Länge etwas zuge-
nommen hatten, wieder an ihren Platz gelegt, nach einer Drainagirung
der Lister'sche Verband applicirt.

Von der Stunde der Operation an bis nach Jahresfrist trat nicht
mehr der leiseste epileptische Anfall ein. Die Heilung der Wunde
erfolgte ohne Zwischenfall.

*7. Callender (1875). Bloslegung und Dehnung des N. medianus in
einem Vorderarmamputationsstumpfe.*

Ein 20 jähriger Zimmermann war in America wegen einer Verletzung der rechten Hand durch eine Kreissäge im Handgelenke
primär amputirt. Da die Wunde nicht heilte, der Vorderarm schmerzhaft blieb, vielleicht auch Nekrose des Knochens eintrat, unterwarf

er sich ein Jahr später einer zweiten Amputation. Obwohl jetzt die Wunde heilte, verlor sich die Schmerzhaftigkeit nicht, wurde vielmehr nach einem Stosse an dem Stumpfe so heftig, dass der Patient in England Hülfe suchte. C. fand Vorder- und Oberarm kalt, die Haut von dunkler Farbe, unelastisch und nur schwer über der Unterlage verschieblich. Klagen über Krämpfe in den Muskeln des Stumpfes und geringere, auch in denen des Oberarmes. Besonders quälend war ein beständiger, bisweilen unerträglich heftiger Schmerz, der bald als bohrend, bald als schiessend geschildert wurde und von dem Stumpfe aufwärts nach dem Ellenbogen und Oberarm sich erstreckte. Im Verlauf des Medianus bestand Schmerzhaftigkeit auf Druck. Seit Kurzem war auch der Ulnaris und Cutaneus externus auf Druck in ihrem Verlaufe empfindlich geworden. Abkühlung des Armes durch kalte Waschungen, Morphiuminjectionen, Chinin und Morphium innerlich bewirkten keine Besserung. Patient schlief nicht, war theilweise unwohl und erbrach. Belladonna äusserlich erzielte nur vorübergehende Erleichterung. C. legte deshalb den Medianus blos — derselbe schien sammt seiner Umgebung verdickt — präparirte ihn in der Ausdehnung von 1½ Zoll von der Narbe angefangen frei und dehnte ihn durch kräftigen Zug um ¾ Zoll aus. Hierauf wurde die Wunde mit einer Salicylsäurelösung ausgewaschen, drainirt und antiseptisch nachbehandelt. Den Abend und folgenden Tag gab der Patient Schmerzen im Verlaufe des Nerven bis zur Achselhöhle an. Von der zweiten Nacht an blieb der Patient definitiv schmerzfrei. Der Arm gewann rasch sein normales Ansehen wieder.

8. v. Nussbaum (1876). Bloslegung und Dehnung des N. ischiadicus und cruralis beiderseits bei centralem Leiden.

Der 35jährige Patient ist nach einem Sturz von 2 M. Höhe, bei dem das Kreuzbein auf einen Holzblock aufstiess, seit 11 Jahren an der unteren Körperhälfte gelähmt. Das Gefühl ist äusserst verringert, die willkürliche Bewegungsfähigkeit gänzlich aufgehoben, Blase und Mastdarm sind ebenfalls gelähmt. Hierzu gesellten sich klonische Krämpfe beider unteren Extremitäten, welche die Knice gegen die Brust heraufrissen, was zwar schmerzlos, aber äusserst quälend war. Die obere Körperhälfte ist ganz gesund zu nennen. Das Uebel blieb sich seit 11 Jahren trotz aller Heilversuche gleich, nur die Muskeln des Beckens und der Schenkel wurden etwas atrophischer.

Am 8. Januar 1876 wurde die Operation vorgenommen.

v. N. machte nach antiseptischer Vorbereitung unter Dampf-Spray einen Hautschnitt in der rechten Inguinalgegend, wie zur Ligatur der A. femoralis unter dem Poupart'schen Bande, trennte die Fascie auf der Hohlsonde, isolirte den Nervus cruralis von der Arterie und Vene, brachte den Zeigefinger hakenförmig unter den Nerven und zog kräftig an demselben, so dass der ganze Fuss damit verrückt wurde. Dann wurde der Nerv zwischen Daumen und Zeigefinger gefasst und von der Peripherie gegen das Centrum und endlich vom Centrum gegen die Peripherie gezogen, als ob er weiter aus der Wirbelsäule herausgezogen werden sollte. Es hatte den Anschein, als ob er länger geworden wäre. Nach Drainagirung wurde der antiseptische Verband ausgeführt.

Nachdem nun der Kranke auf den Bauch gelagert, wurde der N. ischiadicus durch einen 7 Ctm. langen Längsschnitt zwischen Trochanter major und Tuber ischii freigelegt. Darauf wurde er mit dem hakenförmig gebogenen rechten Zeigefinger gefasst und langsam, aber mit solcher Kraft in die Höhe gezogen, dass der ganze Schenkel damit verrückt wurde. Nachdem er schliesslich noch mit Daumen und Zeigefinger in centripetaler und centrifugaler Richtung angezogen war, wurde der antiseptische Verband applicirt. Als der Kranke zu Bett gebracht und erwacht war, rief er mit grossem Vergnügen aus: „Les spasmes sont passés tout a fait dans cette jambe!"

Als nach 14 Tagen die Wunden fast verheilt waren, wurde am 22. Januar die Dehnung des linken Nervus cruralis und Nervus ischiadicus gemacht, ganz in derselben Weise wie 14 Tage vorher rechts.

Eine bedeutende Decubitus-Narbe, welche hart am Trochanter aufsass und sich strahlig verbreitete, machte die Operation am linken Ischiadicus etwas schwerer, weil alle Gewebsschichten derber waren, auch mussten ein paar spritzende Gefässe unterbunden werden, was beim rechten Ischiadicus nicht vorgekommen war. Im Uebrigen verhielt sich aber alles gleich. Nach Beendigung der Operation wurde derselbe Verband wie rechts angelegt und hatte der Kranke nach dem Erwachen denselben glücklichen Erfolg zu constatiren.

Die lahmen unteren Extremitäten, welche jetzt von ihrer quälenden Unruhe befreit waren, konnten durch mechanische Mittel festgestellt werden, so dass er, der Jahre lang an das Bett gefesselt gewesen war, sich mit seinem gesunden Oberkörper auf Krücken fortbewegen konnte.

9. *Vogt (1876). Bloslegung und Dehnung des Plexus brachialis bei traumatischem Tetanus.*

Der 63jährige Maurer S. hatte am 23. August durch Drauffallen eines Steines eine Verletzung der rechten Mittelhand erlitten. Die grössere Lappenwunde in der Hohlhand war unter desinficirendem Verbande rasch zur Heilung gelangt, während die auf der entsprechenden Stelle des Handrückens gelegene langsam granulirte. Patient war täglich ausgegangen, verspürte aber am 7. September „Ziehen im Halse" und der behandelnde Arzt fand bereits deutlichen Trismus. Trotz sofortiger Behandlung mit grossen Dosen Morphium und Opium nebst localen Bädern trat am 9. Tetanus ein, der rasch vom Nacken zum Rücken fortschritt, sich täglich steigerte, so dass Patient bald bei andauerndem Trismus von den heftigsten Anfällen von Opisthotonus und Starre der unteren Extremitäten befallen war; zu diesem allgemeinen Tetanus gesellten sich am 15. noch intercurrente klonische Krämpfe. In diesem Zustande sah ich den Patienten am 16. September und fand neben dem geschilderten typischen Bilde des traumatischen Trismus und Tetanus bei der örtlichen Untersuchung eine frische wulstige Narbe in der rechten Hohlhand, vis à vis auf dem Handrücken eine von Narbensaum umgebene, gut granulirende Wunde über dem unteren Drittheil des Metacarpus tertius. Weder die Narbe noch die Wunde oder deren Umgebung zeigten sich auf Druck empfindlich, ebensowenig liessen sich im Verlaufe der Nervenstämme am Vorder- und Oberarm schmerzhafte Partien auffinden. Am Halse war die Gegend des Plexus brachialis auf Druck sehr empfindlich, so dass Patient zusammenzuckte und gleichzeitig tonischer Krampf der Nackenmuskeln sich einstellte. Da die bisherige Behandlung nichts hatte leisten können, vielmehr der Zustand sich täglich verschlimmert hatte, so dass bei der Unmöglichkeit der Nahrungszufuhr bei weiterem Andauern des Trismus und Tetanus eine Erhaltung des betagten Patienten unmöglich schien, proponirte ich als sofortige Localbehandlung: Trennung der Narben und Lösung der Wundränder, sowie, da ich von einer Amputation bei dem Greise eo ipso absah, eine Neurektomie aber sowohl am Medianus wie am Radialis hätte ausgeführt werden müssen, weil die Wunden im Bezirke beider Nerven lagen, die Dehnung des Plexus brachialis. Am 16. September führte ich die Operation aus. In der Narkose wurde unter Spray die Hohlhandnarbe durch einen Kreuzschnitt getrennt, die Ränder abgehebelt und ein darunter haftender Strang der Hohlhandaponeurose quer durchtrennt, so dass die Weichtheile auf der freiliegenden Beuge-

3*

schne des Mittelfingers leicht verschiebbar waren: ein fremder Körper
war nicht vorhanden. An der Dorsalwunde wurde der Narbenrand
umschnitten und dann flach abgetragen. Beide Wunden wurden antiseptisch verbunden. Dann wurde auf der rechten Halsseite durch
einen Längsschnitt am vorderen Rande des M. cucullaris drei Querfinger
breit oberhalb der Clavicula der Plexus brachialis in dem vom Cucullaris, Omohyoideus und Scalenus gebildeten Dreieck freigelegt, nach
Durchtrennung der Nervenscheide mit dem stumpfen Wundhaken herausgehoben, durch den darunter geführten Zeigefinger als grosse
Schlinge weit herausgezogen und jetzt energisch in centripetaler und
centrifugaler Richtung gedehnt. Da sich die Nervenscheide auffallend
geröthet präsentirte, wurde dieselbe noch bis oben an die Wirbelsäule gespalten und durch stumpfen Haken und Elevatorium abgelöst.
Nach Einlegen einer Drainage wurde auch diese Wunde durch Sa-
licyljuteverband geschlossen. Als Patient aus der Narkose erwachte,
konnte er auf Aufforderung den Mund öffnen, um die Zunge vorzu-
strecken; der Tetanus war von diesem Zeitpunkte an beseitigt! Der Patient kann flüssige Nahrung ohne Behinderung ge-
niessen, fühlt sich zwar sehr matt, besonders beim Aufrichten, kann
aber in sitzender Stellung im Bett gehalten werden. Störungen in
der Sensibilität oder Motilität der rechten oberen Extremität sind
nicht bemerkbar. Am 17. September, also 24 Stunden nach der
Operation, stellte sich heftiges Erbrechen für einige Stunden ein.
Bei den heftigen Würgebewegungen traten noch einige Mal momen-
tane tetanische Nackenkrämpfe ein, doch war am 18. die Uebelkeit
verschwunden. Am 20. verliess Pat. das Bett auf eine halbe Stunde;
nach längerem Sitzen im Lehnstuhl stellten sich noch einmal kurze
Zuckungen im Rücken ein, die aber bald verschwanden. Das weiteste
Oeffnen des Mundes blieb noch am längsten erschwert. 10 Tage
nach der Operation bedarf Pat. keiner weiteren speciellen Behandlung.
Die Wunde am Halse stellte eine einfache Granulationswunde dar.
Bei späterer Untersuchung zeigte sich dieselbe als schmaler, vollständig auf den darunterliegenden Geweben verschiebbarer Narben-
strich in der Haut. Nach 6 Wochen geht Patient seinem Gewerbe
als Maurer wieder nach. Bei erneuter Prüfung keinerlei Bewegungs-
oder Empfindungsstörung im Bereiche der operirten Extremität.

*10. Kocher (1876). Bloslegung und Dehnung des Nervus tibialis bei
traumatischem Tetanus.*

Der Gärtner E. hatte am 23. Juni Schluckbeschwerden bemerkt,
die am 24. zunahmen. An diesem Tage erlitt er noch eine starke

Misshandlung mit Faustschlägen. Am 26. bot Patient das exquisite
Bild des acuten Tetanus dar. Am 28. wurde an der linken grossen
Zehe eine Epidermisblase entdeckt, nach deren Abtragung eine ¹⁄₂ Ctm.
tief in der Cutis steckende und ebensoweit herausragende Kiefernadel
zum Vorschein kam. Die Nadel steckte in einer wenig eiternden
tiefen Rinne, mit einem geschlossenen Blindsack endigend. Durch
Berührung der Wunde und Hereinstossen der Nadel konnte man —
wenn auch nicht constant — klonische Contractionen des betreffenden Fusses und Beines auslösen. Nach Entfernung der Nadel wurde
die Wunde schonend verbunden, und war letztere auch am nächsten
Tage schon der Vernarbung nahe. Um die Beobachtung nicht zu
trüben, wurde bis zum nächsten Tage keine weitere Therapie eingeleitet, und auch am 29., da Pat. Morgens keine Verschlimmerung
zeigte, nur Chloral in Dosen von 4,0 verabfolgt. Allein nun trat
eine erhebliche Aenderung im Status ein, insofern als Temperatursteigerung und rapide Zunahme der Pulsfrequenz sich einstellte. Nach
Chloral Schlaf und Ausbleiben der Anfälle. Am 30. häufige und heftige
Anfälle und rasche Temperatursteigerung bis 39,6. Es wird die Nervendehnung ausgeführt. Da die Verletzung genau in das Gebiet des Nervus
tibialis post. fällt (Ramus plant. int.), so wird hinter dem Malleolus int.
incidirt und der hinter der Arterie liegende Nerv freipräparirt. Derselbe
erscheint ganz auffällig verändert, so sehr, dass man eine Sehne freigelegt zu haben glaubte. Der Nerv erschien dicker als der nachher
noch freigelegte Nervus popliteus, seine Oberfläche ist homogen, ohne
die charakteristische Streifung der einzelnen Nervenbündel, ausserdem
zeigt sie eine matte, dunkelrothe, ungleichmässige Injection. Wegen
Unsicherheit, ob Sehne oder Nerv, wird die Scheide desselben der
Länge nach gespalten und nun erscheinen die weisslichen Nervenbündel innerhalb der gequollenen, verdickten, gerötheten Scheide.
Vorsichtshalber wird auch der Nervus popliteus freigelegt, der ein
ganz normales Aussehen bietet. Derselbe wird auf einen Haken
gefasst und gehörig angezogen und gedehnt. Die Dehnung ist
schmerzhaft und löst Contractionen der Wadenmuskeln aus. Der
unmittelbare Erfolg der Dehnung ist ein ganz evidenter, insofern als
die Muskeln des betreffenden Beines, Ober- und Unterschenkels er-
schlaffen, während diejenigen des anderen Beines wie des Rumpfes
ihre tonische Spannung beibehalten. Den ganzen Nachmittag über
ist Patient augenscheinlich besser, gesprächig; die Anfälle selten und
sehr schwach. Die Temperatur fällt auch jetzt continuirlich bis auf
das normale Niveau und beginnt erst mit Wiedereintritt eines heftigen
convulsivischen Anfalles zu steigen. — 1. Juli. Unter anfänglichem

Nachlass bei Chloralverabfolgung hält sich dann die Temperatur auf continuirlicher Höhe (39—40) bis zu dem am 3. Juli eintretenden Tod. Aus der gerichtlichen Obduction kann nur hervorgehoben werden, dass der Nervus popliteus an der Stelle, wo derselbe freigelegt und gedehnt worden war, jetzt ähnliche Veränderungen: Röthung, Verdickung der Scheide zeigte, wie der N. tibialis zur Zeit der Operation, nur weniger intensiv. [1])

11. Petersen (1876). Bloslegung und Dehnung des N. tibialis.

Dem 31jährigen Schlosser B. war am 5. August beim Schlag auf den Ambos ein Stahlstück in den rechten Unterschenkel gefahren. Bei der ersten Untersuchung der Lappenwunde an der Innenseite des Unterschenkels war kein Fremdkörper aufzufinden und heilte die Wunde zu. Im September zeigte die Untersuchung, dass Patient mit steifem Knie- und Fussgelenk ging, das Bein in starker Rotation nach aussen und Abduction haltend; der Gebrauch konnte nur unter heftigen ausstrahlenden Schmerzen erfolgen, während in der Ruhe dieselben fehlten. Der Schmerz hatte seinen Sitz ungefähr in der Mitte des Unterschenkels an der Innenseite, etwas hinter der Tibia. Dieselbe Stelle war auf Druck empfindlich und wenig resistenter wie die Umgebung. Patient wünschte eine Operation behufs Herausschneiden des vermeintlichen Fremdkörpers. P. machte am 5. September ohne Narkose unter künstlicher Blutleere einen Längsschnitt über die empfindliche Stelle und drang, durch das Gefühl des Patienten geleitet, in die Tiefe bis auf den Nervus tibialis und die Gefässe, ohne auf einen Fremdkörper zu stossen. Derselbe war auch bei weiterem Suchen nicht zu entdecken. Dagegen war der blosgelegte Nerv sehr empfindlich an einer Stelle, in der Nervenscheide zeigte sich ein kleines Blutextravasat mit gerötheter Umgebung. Der Nerv wurde isolirt, mit einem stumpfen Haken umgangen, als Schlinge hervorgezogen und in centraler und peripherer Richtung gedehnt. Die länger gewordene Nervenschlinge wurde dann reponirt und die Wunde nach Einlegung einer Drainage antiseptisch verbunden. In den ersten Tagen hatte Pat. noch Schmerzen,

---

1) Aus der Mittheilung dieses Falles, die mir Prof. Kocher auf die Mittheilung meines Falles (9) gütigst im Separatabdruck aus dem Corr.-Bl. f. schweiz. Aerzte Jahrg. VI. 1876 zusandte, entnehme ich, dass auch Verneuil eine Nervendehnung bei Tetanus mit günstigem Erfolg gemacht hat, doch habe ich mir diese Operation in der Literatur nicht zugängig machen können. Ferner theilte mir v. Nussbaum brieflich mit, dass auch er im Sommer 1876 Nervendehnungen bei traumatischem Tetanus gemacht, doch noch nicht publicirt habe.

doch weniger als vorher. Nach 8 Tagen stand er auf, ging aus
ohne durch Schmerzen behindert zu sein. Pat. war mit dem Erfolg
der Operation selbst sehr zufrieden und ging wieder auf Arbeit. P.
meint, der Fremdkörper, der im Unterschenkel stecke, müsse einge-
kapselt sein. Er vermuthet, dass das Stück Stahl am Nerven vorbei
gegangen, denselben vielleicht contundirt hätte, dass in Folge dessen
sich zwischen Nerv und Musculatur abnorme Adhäsionen gebildet
hätten. Diese wären durch die Dehnung gelöst.

12. Vogt (1876). Bloslegung und Dehnung des Nn. alveolaris inferior.

Am 2. November 1876 machte ich der Frau H., die an einer
seit 6 Wochen bestehenden heftigen Neuralgie des R. mandibularis
n. trigemini sinistr. litt, gegen die alle bisher angewandten Medica-
tionen (Morphiuminjectionen, Chinin mit Morphium), sowie Extraction
zweier unterer Backzähne ohne Wirkung gewesen war, die Bloslegung
des Nerven an der Austrittsstelle unterhalb des 2. Backzahnes aus
dem Foramen mentale. Patientin gab nämlich die Schmerzempfindung
genau im Verlaufe des Canalis alveolaris vom Foramen mentale bis
1 Ctm. vor dem Kieferwinkel an, so dass ich die periphere Ursache
in diesem Theil des Knochenkanales oder an der Austrittsöffnung
selbst zu suchen mich berechtigt glaubte. Durch eine quere, durch
Zahnfleisch und Periost gleich bis auf den Knochen gemachte 2½ Ctm.
lange Incision in der Mitte zwischen Alveolarrand und Unterkiefer-
rand wurde sofort das Foramen mentale blosgelegt und sah man,
nachdem der am Rande aufgesetzte Zeigefinger die mitdurchtrennte
A. alveolaris zudrückte, die Ausbreitung des Nerven in die stark
abgezogene Unterlippe. Die Umgebung wurde mit dem Elevatorium
noch etwas abgehebelt, der Nerv durch die druntergeführte Ligaturnadel angespannt, aus seiner Befestigung am Foramen mentale mit
kurzen Messerzügen losgetrennt und jetzt mit einer Pincette, an der
die Spitzen der Branchen durch Gummieinlage gepolstert waren,
möglichst aus dem Canal hervorgezogen; wie an dem freigelegten
Stücke des Nerven so zeigte sich auch an diesem hervorgezogenen
eine sehr intensive Röthung des Neurilems. Nach sorgfältiger Reinigung und kalter Ausspülung zeigte sich eine weitere Maassnahme
gegen die Blutung nicht nöthig. Patientin gab jetzt taubes Gefühl
in der Kinnhälfte an, sie hatte noch das Gefühl von Ziehen und
zeitweisen Schmerzen im Unterkiefer, doch der unerträgliche, peini-
gende Schmerz war beseitigt. Nach 3 Tagen trat noch einmal intensiver Schmerz im letzten Backzahn auf, der aber vorübergehend

war. Die Neuralgie blieb beseitigt. Die Wunde heilte im Zeitraum
von 8 Tagen ohne Zwischenfall.

Diese Casuistik ist zwar gering; zu den 11 Fällen, deren Publication
mir vorlag, konnte ich noch den letzten, bisher nicht beschriebenen
hinzufügen, und gewiss sind bereits eine ganze Reihe analoger Operationen ausgeführt, ohne in der Tagesliteratur verzeichnet zu sein,
immerhin aber umfasst auch diese kleine Zusammenstellung ein zur
Beurtheilung der Operation wohl verwerthbares Material. Wir sehen
zunächst, dass die Dehnung bei den verschiedensten Erkrankungen
des Nervenapparates vorgenommen wurde. Es gruppiren sich die
Operationen je nach den Erkrankungen folgendermassen:

Bei Neuralgie 7 mal.
    ohne nachweislich vorangegangener Trauma 3 mal: Fall 3,
    4 und 12;
    nach vorangegangenem Trauma 4 mal: Fall 2, 5, 7, 11.

Bei klonischen Krämpfen (gleichzeitiger centraler Lähmung) 1 mal: Fall 8.

Bei Epilepsie 2 mal: Fall 1 und 6.

Bei traumatischem Tetanus 2 mal: Fall 9 und 10.

So verschieden diese Erkrankungen im Uebrigen in pathologischer Hinsicht sind, das eine Cardinalsymptom tritt uns im klinischen
Bilde als allen gemeinsam hervor: die abnorm gesteigerte Erregbarkeit
in der sensiblen oder motorischen Sphäre des betroffenen Nerven-
bezirkes.

Als unmittelbaren Effect der vorgenommenen Nervendehnung
finden wir nun ebenso in allen Fällen: die Beseitigung dieses ge-
meinsamen Symptomes, d. h. Herabsetzung dieser gesteigerten Erregbarkeit.

Wollen wir aus den Krankengeschichten selbst eine Erklärung
dieser thatsächlichen Wirkung zu gewinnen versuchen, so prüfen wir
zunächst die Befunde, wie sie sich bei der Vornahme der Operation
an dem in Angriff genommenen Nerven ergaben.

I. Objective Befunde an den betreffenden Nerven finden wir
aufgezeichnet in 7 Fällen. (5. 7. 11. — 3. 12. — 9. 10.)

II. Ohne nachweisliche Veränderung am Nerven ergaben sich
5 Fälle. (1. 2. 4. 6. 8.)

Untersuchen wir zunächst die erste Reihe.

In 3 Fällen (5. 7. 11.) finden wir, dass eine Verletzung der
Extremität vorausgegangen war, die zu Eiterung und Narbenbildung
in der Umgebung des betreffenden Nervenstammes geführt hat.

Bei Fall 5 findet sich der N. ulnaris in seinem stark injicirten Neurilem fest eingewachsen in die umgebenden narbigen Gewebe, aus denen er nur mit Mühe herausgeschält werden konnte. In Fall 7 ist der N. medianus im Vorderarmamputationsstumpfe (nach einer wegen heftiger Schmerzen ausgeführten Reamputation) unter der dunklen unelastischen Haut auf Druck sehr empfindlich, und findet sich bei der Bloslegung sammt seiner Umgebung verdickt. Das dritte Mal, Fall 11, war ein Fremdkörper in die Nähe des N. tibialis eingedrungen, unter der Narbe findet sich der blosgelegte Nerv sehr empfindlich und in der Nervenscheide ein kleines Blutextravasat mit gerötheter Umgebung.

Wir finden also in diesen 3 Fällen erstens Veränderungen in der Umgebung des Nerven, die als directer mechanischer Insult gelten können, deren Beseitigung wir schon durch die Bloslegung des Nervenstammes erreichen könnten. Dass dies aber nicht genügt, um die Gesammtaffection zu heben, beweist Fall 5, in dem die erste Bloslegung keinen Erfolg hatte, sondern dieser erst der späteren Dehnung zu verdanken war. Es finden sich eben zweitens auch Veränderungen, die auf secundäre Ernährungsstörungen schliessen lassen, die sich klinisch als Neuralgien manifestiren. Ohne auf eine weitsichtige Erklärung der sogen. Neuralgien eingehen zu wollen, dürfte doch als der meistgiltige Standpunkt in der Beurtheilung derselben heutzutage der gelten, dass ein einfacher Reiz durchaus noch nicht eine Neuralgie bedingt. Auf eine sich wiederholende oder andauernde primäre Reizung eines peripheren sensiblen Nerven folgt eine Erregung und später eine Veränderung im entsprechenden Nervencentrum; diese bedingt eine Functionsänderung der vasomotorischen Nerven und Veränderung des Gefässlumens. „Der Neuralgie liegt also eine Erregung des centralen Endapparates des erkrankten Nerven zu Grunde und wird durch beständig sich bildende Producte der Nerventhätigkeit unterhalten, deren Resorption in Folge mehr oder weniger stark geschwächten Tonus der Gefässe behindert ist" (Uspensky). Die Erregbarkeit bei Neuralgien wächst nun wahrscheinlich in Folge ungenügenden Ersatzes des durch den vermehrten Stoffwechsel zerstörten Materials und der auf diese Weise entstandenen Ernährungsstörung. Ist dies Raisonnement richtig, so haben wir in der Thatsache der Gefässveränderung und dadurch bedingten Circulationsänderung durch die Dehnung eine naheliegende Erklärung · für eine dauernde Wirkung dieses Eingriffes bei solchen Affectionen. Uns scheint diese Erklärung in der That plausibler, als die von Uspensky gegebene: „In solchen Fällen kann vielleicht das von

v. Nussbaum vorgeschlagene Ausdehnen des Nerven von einigem
Nutzen sein, welches vom theoretischen Standpunkte aus als ein eine
Erschütterung der Nervenzellen bedingendes Moment angesehen werden kann." Für diese Annahme haben wir wenig positive Beweis-
mittel; auch die Erklärung Callender's ist etwas problematisch,
wenn er die Wirkung seiner Medianusdehnung dadurch erklärt, dass
erstens der Nerv aus seiner Umgebung gelöst und damit die der
Neuralgie zu Grunde liegende Ursache beseitigt werde, wie Zerrung,
Quetschung oder Compression von benachbarten bindegewebigen oder
musculösen Elementen. Dies könne aber nicht genügen, denn sonst
müsste Resection des Nerven den gleichen Erfolg haben, was in der
Regel nicht der Fall sei (bis hier ist dem Exposé beizu-
stimmen!). Es werde aber zweitens der Nerv durch die Dehnung
betäubt, d. h. es trete eine verminderte Leitungsfähigkeit ein, die
eine Unterbrechung der (gewissermassen selbstständig gewordenen)
Processe im Nerven bedinge, welche der Vorstellung des Schmerzes
zu Grunde liegen. Dem Centralorgane werde so Zeit gegeben, wieder
seine normale Controle auszuüben und sich von der Vorstellung des
Schmerzes zu befreien.

Petersen nimmt für seinen Fall als hauptsächlich wirksames
Moment die Lösung von Adhäsionen in Anspruch.

Ebenso wie für diese drei geschilderten Fälle können wir für
Fall 3 und 12 bei dem beobachteten Befunde am Nerven eine Erklärung der Wirkung der Dehnung in der von uns aus den beobachteten Veränderungen gefolgerten Wirkungsweise der Nervendehnung
gewinnen. Bei beiden Neuralgien fanden sich Gefässveränderungen,
die auf einen gesteigerten Stoffwechsel durften schliessen lassen. Die
durch die Dehnung gesetzte Herabsetzung desselben musste günstige
Wirkung zur Folge haben. Ich gehe bei Gelegenheit dieser Fälle
nicht näher auf die naheliegende Erörterung ein, ob es sich hierbei
mehr um „reine Neuralgie" oder mehr eine „Neuritis" gehandelt
habe. An der Hand der classischen Abhandlung Nothnagel's ist
es nicht schwer, das pro et contra abzuwägen, und werden wir
später bei Erörterung der Indicationen eingehender auf diese Frage
zurückkommen müssen.

Ungemein wichtig für die Beurtheilung des Werthes der Nervendehnung erscheinen die beiden letzten Fälle dieser ersten Reihe:
· Fall 9 und 10. Es handelt sich in beiden Fällen um traumatischen Tetanus.

Bei dem ersten Fall habe ich nicht nur eine Dehnung des
Nervenplexus vorgenommen, sondern vorher eine Loslösung der

Wund- und Narbenränder. Welchem dieser beiden Eingriffe für den günstigen Gesammterfolg der Hauptantheil zuzuschreiben sei, kann fraglich erscheinen. Bei der Beurtheilung einer Behandlungsweise beim traumatischen Tetanus müssen wir uns von vornherein auf den von Rose in so prägnanter Weise ausgesprochenen Standpunkt stellen, wenn er sagt: „Nachweisen lässt sich der Erfolg eines Mittels nur dadurch, dass seinem Gebrauche folgend eine unmittelbare Besserung eintritt, die entweder vollständig ist oder wenigstens in sehr beschleunigtem Gange erfolgt. Diese Besserung wird um so sicherer als Folge des Mittels anzusehen sein, je stärker der Nachlass in den Erscheinungen darnach ist. Am beweisendsten werden jedenfalls die Fälle von acutem Tetanus sein, welche mehr oder weniger plötzlich durch irgend einen Eingriff abortirt sind. Selbst diese Fälle sind nicht immer durchsichtig; noch viel weniger ist das freilich bei chronischem und mildem Verlaufe der Fall, wo man meist dem Autor glauben muss, ob der Nachlass wesentlich war und mit Recht gerade der bezeichneten Einwirkung zugeschrieben wird. In solchen Fällen ist die Ueberzeugung subjectiv und schwer zu beweisen; der Werth des Mittels hängt dann nur von der Autorität ab und der Glaube daran hat sich ja schon längst bei den meisten auf das reducirt, was man eigene Erfahrung zu nennen pflegt." Um daher meine Ueberzeugung zu begründen, muss ich meine Erfahrung der Controle unterwerfen und darnach die von mir gezogenen Schlüsse der Beurtheilung anheimgeben.

Abgesehen von einigen nur oberflächlich von mir gesehenen Fällen von traumatischem Trismus und Tetanus habe ich 3 Patienten genau beobachtet und behandelt und da auf dem Vergleich dieser 3 Fälle mein Urtheil basirt, mag es gestattet sein, diese hier zur vergleichenden Beurtheilung vorzulegen.

1. Fall. Handverletzung. Trismus und Tetanus am 9. Tag. Nach 4 tägigem Bestehen Tod.

Der Barbier S., 31 Jahre, erlitt am 22. September 1867 im trunkenen Zustande durch Anfassen eines im Rollen begriffenen Wagenrades durch den Eisenbeschlag desselben eine Lappenwunde an der Volarseite der Grundphalanx des rechten Mittelfingers. Die Beugesehne war freigelegt und etwas eingerissen. Nach sorgfältiger Reinigung wurde die Wunde durch Sutur geschlossen. Am 24. Februar Entfernung der Suturen. Wundränder stark geschwollen, sondern fötides Secret ab. Auf feuchte Wärme stellen sich gute Granulationen ein und beginnen, ohne dass Patient irgend welche örtlichen Störungen bemerkt, die Ränder Narbe anzusetzen. Am 1. October fühlt Patient Steifigkeit im Nacken und zugleich Unvermögen, den Mund weiter zu öffnen. Trotz Anwendung örtlicher Bäder und subcutaner Morphiuminjectionen im Verlaufe des Armes sowie innerlicher Darreichung grosser Dosen Opium dauert der Trismus fort. Am 2. October gesellt sich Opisthotonus hinzu. Neben Fortführung der bisherigen Medication werden noch Blutentziehungen im Nacken vorgenommen. Doch ändert sich das Bild nicht. Bei andauernder vollständiger Schlaflosigkeit steigern sich die tetanischen Krämpfe. Am 3. Octbr. sind dieselben fast über den ganzen Körper ausgebreitet. Puls 120. Temperatur 37,5, steigt an auf 38,7. Am 4. October treten Hustenstösse, Schleimansammlung in Larynx und Trachea ein und unter intercurrenten klonischen Krämpfen erfolgt Mittags der exitus letalis.

2. *Fall. Fussverletzung. Am 4. Tage Exarticulation einer Zehe. 9 Tage darnach Trismus. Nach 8 tägigem Bestehen Reamputation und Narbenexcision. Fortdauer des Tetanus. Carbolsäureinjectionen. Fortdauer und erst im Verlauf von 14 Tagen allmählicher Nachlass. 5 Wochen nach der Verletzung, 4 Wochen nach erstem Beginn des Trismus Heilung.*

Der Arbeitsmann G., 19 Jahre, hatte sich am 11. August 1874 eine Maschinenverletzung der 5. und 4. Zehe des rechten Fusses zugezogen und zwar eine Zermalmung der 5. und Quetschung der 4. Zehe. Es wurde am 15. August die Exarticulation der 5. Zehe gemacht. Es trat normaler Heilungsverlauf ein, Ränder neigten zur Vereinigung. Am 16. und 17. August. Temperatur 38,6, sonst keine Fieberbewegung.

Am 24. August finden sich die ersten Zeichen des Trismus. Am 28. August deutlicher Tetanus. Chloralhydrat innerlich, subcutan Morphium. Zustand bei fortgesetzt gleicher Therapie andauernd derselbe. Am 2. September auch Contractur in den Muskeln der verletzten Extremität. Ich machte daher die Exarticulation der 4. Zehe, die scheinbar nur gequetscht war und deren Wunde eine einfache Granulationsfläche darstellte, excidirte die ganze ältere in Vernarbung begriffene Wunde, trug die Capitula des 4. und 5. Metatarsalknochen ab. Die Heilung dieser neuen Wunde geht gut von Statten, doch ändert sich im Verlaufe des Tetanus nichts. Temperatur 39—39,6. Am 4. September 39,2. Darauf völlig fieberfreier Zustand. Von jetzt an (1 Tag nach der Operation) täglich zweimal Injection einer Pravaz'schen Spritze voll 2 % Carbolsäurelösung im Verlaufe des Oberschenkels der verletzten Extremität. Bäder und Chloral, die keine Aenderung im Tetanus brachten, ausgesetzt; nur Abends Morphium subcutan injicirt. Während am 6. September noch Uebergreifen der Starre auch auf den linken Oberschenkel bemerkt wird, treten im Laufe der nächsten Tage allmählich Erschlaffungen einzelner Muskelgruppen im Gesicht, Nacken und Rücken ein, so dass bei fortschreitender Besserung Patient am 24. September das Bett verlassen kann auf kurze Zeit. Am 26. September Heilung

Das Resumé des oben beschriebenen 3. Falles würde lauten:

3. Fall. Handverletzung. Nach 14 Tagen Trismus, dann Tetanus, nach 8 tägigem Bestehen klonische Krämpfe. Narbenexcision und Nervendehnung. Aufhören des Tetanus unmittelbar nach der Operation. Heilung.

Dass es sich in diesem letzten Fall um eine directe Coupirung des Tetanus durch den operativen Eingriff handelt, unterliegt keinem Zweifel. Es fragt sich, welcher der beiden Maassnahmen der Hauptantheil in der Wirkung zuzuschreiben sei. Die Narbendiscisionen und Excisionen beim Tetanus haben an und für sich schon manchen Erfolg aufzuweisen, ja auch plötzlicher Abfall der Symptome nach der Discision ist in einzelnen Fällen constatirt, besonders scheint dies bei ganz acutem Tetanus der Fall gewesen zu sein, zumal bei Entzündungen oder Vorhandensein von fremden Körpern in der Narbe oder Wunde.

Bei unserem 2. Falle war von irgend welchem momentanen Erfolge bei der ausgedehnten Narbenexcision nicht die Rede.

Ausserordentlich wichtig ist aber für diese Fälle der pathologische Befund, welcher sich bei Fall 9 und 10 während der Operation zu Tage stellte: Während an der Narbe und Wunde in der Hand keine Veränderungen aufzufinden waren, auch das Betasten der Nervenstämme am Vorder- und Oberarm keinerlei Schmerzempfindungen veranlasste, wurden beim Druck auf den Plexus brachialis seitens des Patienten starke Schmerzen angegeben und gleichzeitig Krämpfe im Nacken und Rücken ausgelöst! An dem blosgelegten Plexus zeigte sich eine ganz auffallende Injectionsröthe der Nervenscheide, die sich in der ganzen Ausdehnung der Bloslegung documentirte und bei der man einzelne stärker gefüllte Gefässstämmchen deutlich sich aus der übrigen diffuseren Röthung herausheben sah. Diese so auffällige Veränderung in der Nervenscheide veranlasste mich, nach

vorgenommener Dehnung noch express das ganze Neurilem bis zum
Wirbelcanal hinauf vom Nervenplexus abzutrennen durch Einschnitt
an der oberen Seite und Ablösen mit Finger und stumpfem Haken.
In der Beschreibung des Falles 10 finden wir von Kocher eine
nicht minder auffällige Veränderung am Nerven und besonders der
Nervenscheide angegeben, so dass wir hiermit zwei Befunde über
Veränderungen an den Nerven bei traumatischem Tetanus bei Leb-
zeiten haben, deren Werth nicht zu unterschätzen ist.

Die Obductionsbefunde geben bisher bekanntlich zur sicheren
Beurtheilung keinen Anhalt. Wir finden ja in der Literatur eine
ganze Anzahl von Fällen, in denen der pathologisch-anatomische
Befund vollständig analoge Verhältnisse ergab, wie wir sie während
Lebzeiten skizzirten. Wir finden aber eben so viel oder noch mehr
negative Befunde und bekanntlich begründet auf die letzteren eine
Mehrzahl von Autoren ihre Ansicht über die Aetiologie und Verlauf
des traumatischen Tetanus. Allein ich hege die Meinung: ein posi-
tiver Befund bei Lebzeiten ist bei so acut verlaufenden Processen
als schwerer in die Waagschale fallend zu beachten, als zehn negative Befunde post mortem! Ich unterschreibe in diesem Sinne durchaus die Worte von Harless: Es hat mir auch jetzt nichts mehr so
Befremdendes, wenn man oft nach scheinbar kleinen Verletzungen
der Nerven ohne allen Nachweis einer directen Störung in den Cen-
tralorganen die Folgen der Entzündung in der Umgebung der verletzten Nervenstelle bis zum Ausbruch des Tetanus anwachsen sieht.
Denkt man sich bei der Veränderung des Hüllendruckes die Reizbarkeit, wie experimentell bewiesen, in hohem Grade gesteigert, jene
Veränderung zugleich als eine solche, welche nicht momentan, sondern
nach und nach wieder ausgeglichen werden kann, so bedarf es nur
einer wenig verminderten individuellen Resistenz der Centralorgane,
um bildlich zu reden, damit kleine äussere, durch die Entzündung
gesetzte Erregungsquellen jenes furchtbare Schauspiel des Starr-
krampfes hervorrufen.

Es ist begreiflich, dass die pathologische Anatomie, auch wenn
sie auf diese physikalischen Verhältnisse aufmerksam gemacht ist,
schwerlich je aus dem Befund der Nervenhüllen Erklärungsgründe
für die vorausgegangenen Krankheitserscheinungen beibringen könnte,
ausser etwa in den extremsten Fällen. Denn es reichen ja schon
sehr kleine Differenzen des Druckes hin, um die Leistungsfähigkeit
des Nerven zu ändern: „Differenzen, welche sich in der bei weitem
grösseren Mehrzahl der Fälle in dem Zeitraum zwischen Tod und
Section werden ausgeglichen haben."

In Bezug auf die Verwerthung dieser Befunde am Nerven Tetanischer kann ich wiederum nur auf die überzeugenden Auseinandersetzungen von Nothnagel verweisen, in denen er das Verhältniss der Neuritis und Perineuritis zum Eintritt des Tetanus erörtert. Wir kommen auch auf diesen Punkt noch bei Feststellung der Indicationen zurück; sicher können wir annehmen, dass, wenn wir beim traumatischen Tetanus den örtlichen Reiz in der Wunde oder Narbe beseitigen, gleichzeitig auf die in aufsteigender Richtung von der Verletzung aus afficirten Nerven im Sinne einer Reizherabsetzung und Leitungsverminderung eingreifen — wie es die Dehnung in der That leistet — wir in unserer Localbehandlung das zweckentsprechendste werden vorgenommen haben. Auf das Centralorgan können wir durch dieselbe nicht wirken. Sind in demselben bereits weitergehende Veränderungen eingetreten, so werden auch unsere Maassnahmen, welcher Art sie immer sein mögen, vergeblich sein. Dies zur Beurtheilung des positiven oder negativen Erfolges im gegebenen Falle.

Bei der zweiten Reihe der Fälle finden wir in den Krankengeschichten keine Angaben von pathologischen Veränderungen an den Nerven oder sogar direct aufgeführt, dass keinerlei Abnormitäten hätten aufgefunden werden können. Zu diesen letzteren gehören Fall 1 und 2.

Billroth sagt: „alles verhielt sich für Auge und Gefühl normal; ich hatte den dicken Nervenstamm zwischen den Fingern hervorgehoben, doch es war auch nicht die leiseste Abnormität zu sehen." Ebenso hebt v. Nussbaum ausdrücklich hervor: „Eine Abnormität hatte ich während dieser Manipulation nicht entdeckt; nirgends fanden sich stärkere Adhäsionen, nirgends Verdickungen des Neurilems." Bei beiden Patienten waren aber erhebliche Verletzungen (Sturz von der Leiter auf die Glutealgegend, Kolbenschläge in den Nacken mit nachfolgenden Abscedirungen) vorangegangen und waren direct nach den Verletzungen die Störungen eingeleitet, die sich im Laufe längerer Zeit zu dem Bilde der Reflexepilepsie im 1. dem der Contractur mit neuralgischen Krämpfen im 2. Falle completirten. Sollen wir annehmen, dass die Nervenstämme, deren meist exponirter Bezirk gerade bei diesen Verletzungen betroffen worden ist, durch das Trauma in keinerlei Weise selbst lädirt sind und sich das Leiden, das sich doch gerade in ihrem Verbreitungsbezirke abspielt, unabhängig lediglich aus centraler Ursache entsponnen habe? Ich glaube nicht, dass das fehlende Mittelglied — die nachweisbaren Veränderungen am Nerven selbst — durchaus zu dieser Annahme hindrängt, da wir zugestehen müssen, wie ausserordentlich lückenhaft unsere Kenntniss in der Beurtheilung der makroskopisch und mikroskopisch nachweisbaren Veränderungen am Nerven und Umhüllung sind, sobald es sich nicht um die augenfälligsten Differenzen handelt. Da wir vorläufig diese Lücken, um Erklärungen zu gewinnen, durch Hypothesen ausfüllen müssen, so scheint mir die Deduction nabeliegend, dass durch die primäre Quetschung des Ischiadicus Veränderung in dem diesem Nerven entsprechenden Centralapparat hervorgerufen sind, die ihrerseits vasomotorische Störungen einleiteten, welche derartige Ernährungs- und Functionsstörungen im Nerven setzten, dass später der geringste äussere Reiz den Reflexkrampf auslöste, dessen Combination zum epileptiformen Anfall nach den Brown-Séquard'schen Ischiadicus-Experimenten zwar noch keine Begründung, aber eine Erklärung ermöglicht. Durch die Dehnung wurde die Function des peripheren und leitenden Nervenapparates geändert, in der oben erklärten Weise, und dadurch die eine fortbestehende Ursache gehoben. Diese Erklärung scheint mir nicht ferner liegend wie die Vermuthung, dass doch mittelbar durch „Erschütterung der Nervensubstanz" ein Einfluss auf das Centralorgan ausgeübt sei — von einer directen Betheiligung desselben bei der Dehnung kann nach unseren Versuchen nicht die Rede sein.

Dieser Auseinandersetzung entsprechend muss auch unserer Ansicht nach die Erklärung der Wirkung des Dehnungsprocesses in den noch übrigen 3 Fällen 4, 6 und 8 sein: Wir können bei dem Mangel eines makroskopisch abnormen Befundes doch das Vorhandensein secundärer Ernährungsstörungen bei dem hochgradigen Klumpfusse (Fall 6) und den auf centraler Lähmung basirenden Contracturen beider Extremitäten (Fall 8) nicht von der Hand weisen, auf die die Vornahme der Verschiebung und Herauslösung des Nerven beim Processe der Dehnung modificirend einwirkte, und nehmen ein gleiches für die Hebung der rheumatischen Ischias (Fall 4) an, wenn auch für die positive Begründung der Wirkung im gegebenen Falle dadurch wenig gewonnen sein mag, dass für die eine Hypothese die andere eingesetzt wird. Etwas hat die eine immerhin vor der andern voraus: das Begründetsein auf Folgerungen, die sich unmittelbar aus den experimentellen Beobachtungen ergaben.

IV. Zusammenstellung der Indicationen zur Nervendehnung.

Wollten wir uns bei der Motivirung der Operation im gegebenen Falle immer mit dem über viele Schwierigkeit leicht hinweg helfenden therapeutischen Principe begnügen: „remedium anceps melius quam nullum", so könnten wir unter dieser Devise sicher auch die Nervendehnung für fast alle Erkrankungen im Gebiete der Nervenapparate als Heilmittel proclamiren, da es an sicheren Heilmitteln auf diesem Gebiete eben fast gänzlich gebricht. Wir würden hiermit aber schliesslich unsere Operation denselben Weg wandeln lassen, den einstens die Teno- und Myotomien gewandelt sind, und um unserem Neuling in der Operationslehre diesen nicht aufmunternden Pfad von der Höhe einer womöglich alles heilenden Operation herab zum beschränkten Plätzchen der heutigen subcutanen Tenotomie zu ersparen und sie einen möglichst geraden Weg wandeln zu lassen, wollen wir versuchen, schon jetzt im Anbeginn ihrer Laufbahn die richtigen Grenzen anzudeuten. Zunächst gilt es hier, ihr das gebührende Terrain einem scheinbar bevorzugten Concurrenten gegenüber zu wahren: den Neurotomien gegenüber die Indicationen zu fixiren. Der wahre Werth dieser Operationen kann dadurch nicht geschmälert werden, dass die anfangs gefeierten Heiltriumphe durch spätere Misserfolge verdunkelt wurden. Um den wahren Werth aber zu erkennen, thut man besser, mit der Skeptik von O. Weber als dem Enthusiasmus des neuesten Schriftstellers über Neurotomie, Létiévant, die Indicationen zu dieser Operation zu formuliren. Es handelt sich bei der Neuro- oder Neurectomie um die mechanische Unterbrechung einer leitenden Nervenbahn auf Kosten einer Continuitätstrennung des Nerven selbst. Es wird diese Unterbrechung durch gleichzeitige Continuitätstrennung daher mit wenigen Ausnahmen bei sensiblen Nerven vorgenommen, da bei motorischen Nerven eine gleichzeitige Lähmung würde herbeigeführt werden. Die Unterbrechung der Leitung kann nun indicirt sein durch periphere und centrale Affection eines Nerven: Wir können die Fortpflanzung des gesteigerten Reizes an der Peripherie auf das normale Centralorgan verhindern wollen und können ebenso die von dem normal percipirten Reiz an der Peripherie ausgehende Erregung von dem krankhaft afficirten Centrum abhalten wollen. Die vorwiegend häufige Indication wird die erstgenannte sein.

Nach diesen allgemeinen Erwägungen wollen wir versuchen, die Indication des entsprechenden operativen Eingriffes bei den hauptsächlich in Betracht kommenden Erkrankungen festzustellen.

A. Bei Neuralgien.

O. Weber sagt geradezu: die Neurotomie ist nur gerechtfertigt, wo man den Nerven oberhalb der erkrankten Stelle zu erreichen vermag, also bei excentrischem Sitze der Ursache einer Neuralgie. Je beschränkter der Bezirk ist, in welchem eine Neuralgie auftritt, desto sicherer darf man im Allgemeinen auf eine peripherische Ursache schliessen. Jedoch soll man auch in solchen Fällen allemal zunächst versuchen, die letztere zu heben und erst wenn man sieht, dass die Reizung in centraler Richtung sich fortzupflanzen Neigung hat, ist die Neurotomie zu versuchen. Zweifelhaft wird aber der Erfolg, sobald die Erregung bereits auf die Centralorgane übergegangen ist, indem dann die Durchschneidung von einem Recidive gefolgt zu werden pflegt. Wenn unter anderen Indicationen zur Neurotomie geschritten wird, so meint Weber von solchen Versuchen, man solle nicht die empirische Nacktheit derselben mit dem Mantel der Wissenschaft umhüllen, sie seien lediglich ein Compromiss, den der Kranke und der Arzt mit einander machen.

Halten wir den früher bereits geschilderten Standpunkt in Bezug auf das Zustandekommen der typischen Formen der Neuralgien fest: dass also auf einen primären peripheren Reiz eine Veränderung im entsprechenden Nervencentrum erfolge, die ihrerseits eine Störung im vasomotorischen Gebiete bedinge und damit eine Aenderung des Stoffwechsels oder Ernährung in dem resp. Nerven einschliesse, so werden wir die so häufig mangelhafte Wirkung der einfachen mechanischen Unterbrechung der Leitung im Nerven von der Peripherie zum Centrum, d. h. also den Misserfolg der Neurotomie selbst bei sog. peripherer Neuralgie erklärt finden. Es basirt eben die Neuralgie als solche auf einer Affection des betreffenden Centralapparats, hat diese bereits zu den genannten Folgezuständen geführt, so kann eine Beseitigung des primären Reizes oder Unterbrechung der Fortleitung desselben zum Centrum nicht mehr die Affection heben.

Nach allem was wir bisher über die Wirkung der Nervendehnung auseinandersetzten, müssen wir schliessen, dass bei einzelnen Formen von Neuralgien dieselbe mehr leisten kann, als die Neurotomie in anderen Fällen, aber mit derselben combinirt die Chancen des Erfolges günstiger gestalten wird, wie die einfache Neurotomie.

1. Neurotomie combinirt mit der Nervendehnung. Wir sahen, dass bei länger bestehenden Neuralgien, selbst anscheinend noch peripherer Natur, doch die Neurotomie allein oft keinen dauernden Erfolg hat. Handelt es sich also um eine auf periphere Verbreitung eines rein sensiblen Nerven beschränkte Neuralgie, die wir durch vorausgeschickte zweckmässige Behandlung durch interne und subcutan injicirte Medicamente, sowie vor allem elektrotherapeutische Behandlung nicht beseitigen konnten, so ist, wenn andere einfachere operative Hebung des örtlichen Reizes nicht sollte speciell indicirt sein (Beseitigung von Narben, Fremdkörper, Tumoren), die Neurotomie des sensiblen Nerven und die gleichzeitige Dehnung in centripetaler und centrifugaler Richtung indicirt. Wir erzielen durch diese Combination: Beseitigung des peripheren Reizes oder wenigstens Unterbrechung der Fortpflanzung und Leitung zum Centrum, Herabsetzung der Reizbarkeit im Verlaufe des ganzen Nervenstammes, da die Wirkung der Dehnung sich in dieser Sphäre bedeutend weiter erstreckt, wie die Durchschneidung, und durch Circulationsänderung Aenderung der schon gesetzten Ernährungsstörungen, also eine Summe von Effecten, die von günstigem Einfluss auf die Gesammtaffection sein müssen, vorausgesetzt dass die Veränderungen im Centralapparat überhaupt noch rückgängig gemacht werden können, stellen diese ein irreparabile damnum vor, werden wir von keiner örtlichen Behandlung Erfolg erwarten können.

Diese Operationsweise ist aber nur indicirt an sensiblen Nerven.

2. Nervendehnung allein werden wir vornehmen bei analogen Verhältnissen an gemischten Nerven. Handelt es sich bei diesen um neuralgische Affectionen, so werden wir auch hier zunächst den örtlichen Reiz durch locale Eingriffe (Loslösungen oder Excisionen in der Umgebung des Nerven z. B.) zu heben versuchen und gleichzeitig durch die Dehnung die durch den vorhandenen Reiz gesetzten Folgezustände möglichst zu paralysiren. Doch auch ohne Voranschickung eines solchen durch örtliche Verhältnisse indicirten Eingriffes werden wir bei dieser Form von Neuralgien, wenn wiederum die medicamentösen und elektrotherapeutischen Maassnahmen im Stiche lassen, zur Dehnung des Nervenstammes allein schreiten und zwar werden wir hier um so mehr möglichst nahe dem Centrum an passender Stelle den Nerven angreifen; wir können doch durch die

4*

brüske Dehnung gleichzeitig auf etwa vorhandene, local aber nicht attaquirbare, periphere Störungen influiren.

3. Neurotomie allein würden wir für angezeigt halten müssen, wo es sich um neuralgische Affectionen ganz circumscripter Natur handelt, bei denen womöglich schon die subcutane Discision der betreffenden Nervenzweige genügt. In diesen Fällen wäre es natürlich ungerechtfertigt, den Nervenstamm bloszulegen und noch den Eingriff der Dehnung hinzuzufügen. Es gehören in diese Gruppe z. B. Neuralgien in vereinzelten sensiblen Aesten bei grösseren (deswegen nicht gleich zu exstirpirenden) Narben, bei Geschwülsten u. s. w.

B. Bei Epilepsie.

Es können bei der Erwähnung dieser Erkrankung überhaupt nur Fälle sog. Reflex-Epilepsie (secundärer E., Nothnagel) in Betracht kommen, die sich im Anschluss an nachweisbare oder sicher anzunehmende Verletzungen peripherer Nervenverbreitung herausgebildet haben. Wir finden in der Literatur eine ganze Reihe von einschlägigen Krankheitsfällen, bei denen ein örtlicher operativer Eingriff (Narbenexcision, Neurotomie u, s. w.) zur Heilung führte. Die oben referirten Krankengeschichten Fall 1 und 6 geben einen empirischen Beweis für die günstige Wirkung der Dehnung bei analogen Verhältnissen. Statt theoretisch weiter den möglichen Nutzen unserer Operation im gegebenen Falle in einer Wahrscheinlichkeitsrechnung hier auseinanderzusetzen, ziehe ich es vor, an der Hand eines concreten Falles, der sich mir unlängst zur Untersuchung präsentirte, den für uns maassgebenden Standpunkt klar zu legen.

Es präsentirte sich vor 6 Wochen ein Herr mit veralteter Humerusluxation, der angab, dass er an Epilepsie leide und sich möglicherweise in einem solchen Anfalle die Verletzung zugezogen habe. Die epileptischen Anfälle datiren seit 12 Jahren und will Patient genau wissen, dass dieselben erst nach einer Operation sich einzustellen begannen, die er bereits als erwachsener Mensch an sich vornehmen liess. Es wurde ihm nämlich aus der rechten Wange eine Geschwulst exstirpirt, nach welcher Operation die Wundheilung eine geraume Zeit in Anspruch nahm und nach langer Eiterung breite Narbenbildung folgte. In der nun folgenden Zeit verspürte Patient öfter nach körperlichen Anstrengungen und vorangegangenen Echauffements das Gefühl von Hitze im Bereich der Narbe und öfteres Ziehen und Zucken im Nacken. Nach Jahresfrist steigerten sich diese

Empfindungen, so dass wirklich „Krämpfe" im Nacken sich einstellten, im Verlauf derer bisweilen das Bewusstsein schwand. Jetzt ist das Verhältniss schon seit Jahren derartig, dass nach vorausgegangener physischer, selten auch nach psychischer Aufregung und Anstrengung immer noch das Hitzegefühl im Bereich der Narbe sich einfindet, darauf bald Ziehen nach dem Nacken hin eintritt, auf das bald heftige sichtbare Zuckungen der Nackenmuskeln (der Beschreibung nach vorwiegend auf Cucullaris und Sternocleidomastoideus zu beziehen), die mit schmerzhafter Empfindung an umschriebener Stelle gepaart mit dem raschen Schwinden des Bewusstseins einen allgemeinen epileptischen Anfall auslösen.

Bei der genaueren örtlichen Untersuchung finden wir eine über thalergrosse flache Hautnarbe vor und unter dem rechten Unterkieferwinkel, die einzelne etwas verfärbte Partien zeigt, aber sonst sich als leicht verschieblich und faltbar ohne schmerzhafte Empfindung in ihrer ganzen Ausdehnung ergibt. In der ganzen Umgebung ist keine Veränderung auffällig und auch auf Bewegung und Palpation in den verschiedensten Stellungen des Kopfes und Halses nicht aufzufinden. Untersucht man jedoch an der vorderen Nackengegend die Stelle, welche nach der Angabe als Ausgangspunkt der Muskelzuckungen und nachherigen Schmerzempfindung angegeben wurde, genau, so ergibt sich eine nach einmaligem Auffinden jedesmal durch Druck wieder bestimmbare engumschriebene Partie, um nicht zu sagen Punkt (à la point douloureux von Valleix!) am vorderen Rande des Cucullaris im obern District des Halses gelegen. Orientiren wir uns topographisch etwas exacter, so entspricht der Bezirk der Hautnarbe genau dem Verbreitungsbereich des N. cutaneus colli superior und medius des Plexus cervicalis; der schmerzhafte Punkt vor dem Cucullaris ebenso genau der Austrittsstelle des Nervus cervicalis tertius. So oft ich im Verlaufe von Wochen diese Untersuchung vornahm, erhielt ich ohne Ausnahme den gleichen Befund. Wenn ich die von Westphal beim Meerschweinchen als epileptogene Zone am Unterkiefer beschriebene Partie auf menschliche Verhältnisse übertrage, so kann ich mir keine besser correspondirende Abgrenzung herausfinden, als wie wir sie bei unserem Patienten vorfinden. Ich habe dem Patienten, der bisher ohne jeglichen Erfolg alle Curen bekannter und obscurer Specialitäten durchgeprobt hat, die Circumsion der Narbe und Bloslegung und Dehnung des Plexus cervicalis (besonders also des N. cervicalis III.) proponirt und hoffe nach Einwilligung zur Operation den näheren Befund berichten zu können. Ich glaube hier allen Grund zur Annahme einer aus peri-

pherem Reiz sich combinirenden Reflexepilepsie zu haben, und wenn
Nothnagel die Frage discutirt, ob nicht bei der Entstehung
der secundären Epilepsie zuweilen eine Neuritis ins
Spiel kommen kann, so könnten wir in diesem Falle fast schon
im klinischen Bilde eine bejahende Antwort auf diese Frage finden,
dürften uns also wohl berechtigt fühlen, einen Eingriff vorzunehmen,
der bei richtiger Ausführung an und für sich unschädlich, den Ein-
blick in die örtlichen pathologischen Verhältnisse gestattet und möglicherweise von unberechenbarem Nutzen für den Patienten wird.
Eine einfache Lösung der Narbe, um den supponirten peripheren
Reiz zu heben, kann in solchem Falle kaum Erfolg haben; von der
Verbreitung des Nervus subcutaneus colli setzt sich die Erregung
centripetal zum Cervicalis tertius direct fort; an dessen Austrittsstelle
müssen bereits pathologische Veränderungen vorliegen (Neuritis und
Perineuritis?), wie der örtliche Befund ergibt; von hier geht die
Reizung theils auf der directen Bahn der Communication des Accessorius Willisii fort, durch die Muskelcontractionen im Cucullaris etc.
bekundet, theils nach entsprechenden (individuell disponirten?) Partien des Centrums und führt zum completen epileptischen Anfall.
Dürfen wir nicht annehmen, durch Aenderung der Circulations- und
Druckverhältnisse an dieser Stelle des Plexus cervicalis, an dem sich
notorisch die Fortleitung der peripheren Erregung theilt, in centripetaler und benachbarter centrifugaler Richtung auf motorische Nerven
eine Unterbrechung in der Kette der Folgeerscheinungen einleiten zu
können?

Exacte Indicationen können selbstredend nur bei exacten Dia-
gnosen aufgestellt werden und so lange wir uns bei solchen Erkrankungen mit der Bezeichnung eines Symptomencomplexes begnügen müssen, dessen pathologisch-anatomisches Substrat uns noch
unbekannt ist, so lange kann auch die Indication eines therapeutischen
Eingriffes nur eine bedingte sein. Wir werden also in allen diesen
Fällen die Operation nur als eine gerechtfertigte anerkennen
müssen, und wird für die directe Indication der subjective Standpunkt des Beurtheilers in Frage kommen.

Ganz ebenso finden wir die Verhältnisse beim

C. Tetanus.

Dass hierbei nur vom traumatischen Tetanus die Rede sein kann,
bedarf kaum der Erwähnung. (Was übrigens oft vom sog. „rheumatischen" Tetanus zu halten sei, hat Kocher drastisch durch seine
beiden Krankengeschichten illustrirt!) Wenn Rose bei der Be-

sprechung der Behandlung desselben zu dem Schluss gelangt: „nach alledem wird sich wohl nicht leugnen lassen, dass die operative Behandlung jedenfalls nicht die unwirksamste ist. Nach unserem Maassstabe ist sie so ziemlich die einzig erwiesene. Hat man einmal den schlagenden Erfolg der localen Behandlung gesehen, so wird man mit mir von der absolut schonenden Behandlung der ausschliesslichen Morphiumbehandlung absehen und nur bereuen, nicht schon früher energischer vorgegangen zu sein", so müssen wir uns seinem Urtheile in allen Punkten anschliessen. Wir gewinnen hiermit für den Tetanus im Gegensatz zu den vorher besprochenen Erkrankungen die Indication: sofort zur localen operativen Behandlung — der peripheren Lösung und centralen Dehnung der in Frage kommenden Nervenstämme — zu schreiten und nicht erst die übrige anästhesirende und derivirende Behandlung durchzuprobiren, vielmehr wenn erforderlich, dieselbe neben und nach der Operation fortführen!

Diejenigen Fälle, bei denen eine thätige locale Behandlung überhaupt nur Sinn haben kann, können nur solche sein, bei denen eingreifendere Veränderungen im Centralapparat nicht bereits erfolgt sind: dass solche häufig sich rapide entwickeln, beweist eine grosse Zahl pathologischer Befunde; dass solche nicht immer vorhanden sein müssen, beweist eine gleiche Summe in diesem Punkte negativer Resultate. Dass dieselben in manchen Fällen durch Fortschreiten der an der Peripherie durch das Trauma direct oder indirect gesetzten Entzündung am Nerven, diesem als anatomisch gegebener Bahn in Form einer Neuritis und Perineuritis folgend, in centripetaler Richtung hervorgerufen oder completirt werden, dafür sprechen neben unseren Krankengeschichten eine Reihe Obductionsbefunde. Möglich, dass die ganze Differenz im Verlaufe zum Theil auf die differentwirkende periphere Noxe, zum Theil auf die in gewissem Sinne wohl jedesmal anzunehmende, an und für sich vorhandene oder ebenfalls durch äussere Einflüsse geschaffene Prädisposition des Centralorgans, die individuell verschieden sein muss auch bei Fortwirkung gleicher Schädlichkeiten, zurückzuführen ist; sicher ist, dass wir in manchen Fällen durch eine Beseitigung der peripheren Noxe und Verhinderung der Fortwirkung derselben auf das Centralorgan den ganzen Process coupiren. Je früher wir dies thun, um so eher dürfen wir annehmen, das Zustandekommen oder Umsichgreifen degenerativer Processe im Centrum verhindern zu können, dass es hierzu trotzdem oft schon in kürzester Frist zu spät ist, gibt noch keine Berechtigung zu der Annahme, dass dieselbe centrale Veränderung unbedingt immer das primäre sei.

Es mehren sich ohne Frage die Fälle, in denen positive Veränderungen vor allem an dem Neurilem der Nervenstämme gefunden werden, welche an dem betreffenden Körpertheile verlaufen, der den Ausgangspunkt des traumatischen Tetanus bildete; nach unseren experimentellen Erfahrungen dürfen wir gar nicht einmal voraussetzen, dass die Veränderungen im ganzen Verlaufe in gleicher Intensität oder an manchen Stellen überhaupt nur bemerkbar auftreten, da oft vorwiegend oder allein die typischen Gefässbezirke die charakteristischen Veränderungen bieten; mag nicht hierin ein Grund für manche negative Befunde beim Bloslegen der fraglichen Nerven zu finden sein?

Durch die früher geübten operativen Eingriffe — abgesehen von den verstümmelnden Operationen, die wir jetzt entschieden perhorresciren müssen, wenn es sich nicht etwa nur um Finger- oder Zehenglieder oder gleichwerthige kleinere Körpertheile handelt, — der Excision und Discision von Narbe oder Wunde und auch der Nervenresection waren wir in der Lage, im gegebenen Falle den peripheren Reiz zu beseitigen event. die Fortleitung durch mechanische Unterbrechung der leitenden Nervenbahn zu sistiren. Die Nervendehnung leistet für die letztere Aufgabe entschieden mehr! Wir lockern die peripheren Insertionen, wir dislociren den ganzen Nervenstamm in seiner Umgebung, ändern die Gefässverbreitungsweise an den wichtigsten Zu- und Abtrittsstellen: setzten die Leitungsfähigkeit unmittelbar herab und ändern die Ernährungsverhältnisse und zwar bis dicht an den centralen Ursprung. Wir erzielen dies alles durch eine an und für sich unschädliche Operation, die nicht einmal eine Continuitätstrennung im Nerven bedingt! Dieser letzte Punkt gibt ihr einen unberechenbaren Vortheil vor den Neurotomien, die an centralgelegenen Nervenpartien schon wegen der unabweislichen schweren Folgezustände gar nicht in Frage kommen könnten.

Wir haben hiermit drei Gruppen von Erkrankungen herausgehoben, um an ihnen Anhaltspunkte zur Feststellung einiger Indicationen für die Vornahme der Nervendehnung zu gewinnen. Es liesse sich selbstverständlich noch eine ganze Reihe anderer Erkrankungen zusammenstellen, bei denen oft mit Vortheil eine solche Operation wird ausgeführt werden können (Fall S gibt ein Beispiel hierzu), wie Contracturen, Verletzungen, Störungen durch Geschwülste u. s. w. Für alle diese Fälle werden wir aber als Vorbedingung, um einen Anhalt dafür zu gewinnen, dass gerade unser Eingriff speciell indicirt sein dürfte, festhalten, dass als vorwiegendes Symptom sich

im gegebenen Fall herausstellt: gesteigerte Erregbarkeit und auf Circulationsstörung basirende Functionsstörung in dem Nerven als peripheren Endapparat und
leitendem Organe — hierauf wird unser Eingriff unmittelbar und
mittelbar wirken, den Centralapparat wird derselbe nicht influiren.

V. Technik der Operation und Topographie der bei derselben zu bevorzugenden Körperstellen.

Die Ausführung der Bloslegung und Dehnung eines dem Messer
zugänglichen Nervenstammes ist im Grunde eine so einfache Operation, dass es müssig erscheinen könnte, nach den bisherigen Auseinandersetzungen, in denen die Operation selbst bereits mehrfach geschildert wurde, noch Worte über die specielle Technik derselben
zu verlieren. Allein gerade aus dem Studium der bisherigen Operationen habe ich die Ueberzeugung gewonnen, dass es wohl der
Verständigung über einige Details bedarf, um der Operation den ihr
wiederholt von uns vindicirten Charakter eines „unschädlichen" Eingriffes mit Recht beilegen zu können. Wir müssen bei der Ausführung einer jeden Operation an uns die Anforderung stellen, dass wir
dieselbe mit möglichst wenig Nebenverletzungen bewerkstelligen.
Dazu ist aber unumgängliche Vorbedingung genaue Bekanntschaft
mit der Topographie des gewählten Terrains und relativ einfachste
Technik.

Auf die erste Anforderung kommen wir im Folgenden speciell
zurück. In Bezug auf die letztere sei zunächst im Allgemeinen vor-
bemerkt, dass nach sicherer äusserer Orientirung über die Lage des
bloszulegenden Nervenabschnittes der Schnitt durch die Haut und
bedeckenden Weichtheile genau nach den für die Gefässunterbindung
bekannten Regeln geschieht. Sind wir auf diesem Wege bis zum
Nerven vorgedrungen, so haben wir 3 Acte zu unterscheiden:

1. Bloslegung des Nerven in der Nervenscheide,
2. Hervorziehen und Dehnung des Nerven,
3. Reposition und Bedeckung durch Verband.

Nach den Schlussfolgerungen, welche wir aus den nach der
Dehnung vorgefundenen Veränderungen an der Nervenscheide zu

ziehen uns berechtigt glaubten, müssen wir den ersten Act als durchaus wichtig kennzeichnen.

Bei der Recapitulation des Falles von Nervendehnung beim traumatischen Tetanus wurde speciell der weiten Ablösung der auffallend veränderten Nervenscheide Erwähnung gethan und werden wir sicher Grund haben, bei analogem Befunde perineuritischer Veränderungen direct an Ort und Stelle das entzündete und event. anderweitig veränderte Neurilem streckenweit wenigstens von einer oder der anderen Seite direct abzulösen; eine Lockerung an den übrigen Stellen geschieht dann durch den Dehnungsact selbst. Dieser 2. Act ist auf die verschiedenste Weise ausgeführt worden — manuell und instrumentell.

Zum Herausheben des Nerven aus seiner Umgebung müssen wir selbstverständlich einen stumpfen Haken oder Elevatorium, bei kleineren Nerven eine Unterbindungsnadel benutzen. Die Dehnung selbst wird am zweckmässigsten manuell durch weiteres Hervorziehen des Nerven auf dem hakenförmig gekrümmten Zeigefinger und späteres Umfassen zwischen diesem und dem Daumen bewerkstelligt; die hiermit entwickelte Kraft genügt vollständig, um auch stärkere Nervenplexus als grosse Schlingen hervorzuziehen, vorausgesetzt, dass wir den betreffenden Körpertheilen eine entsprechende Mittelstellung gegeben haben, die, wie wir bei unseren Versuchen über die Dehnbarkeit der Nerven sahen, eine conditio sine qua non zur Erreichung einer irgendwie erheblicheren Dislocation des Nerven an Ort und Stelle ist.

Führt man die Dehnung instrumentell, wie wir es bei einzelnen Fällen verzeichnet finden, mit Haken oder Elevatorium aus, so riskiren wir leicht eine nicht beabsichtigte quetschende Nebenverletzung zu setzen, die bei der Lagerung des Nerven zwischen den weichen Polstern der Fingerpulpa unmöglich ist.

Bei kleineren Nerven, bei denen das Drunterführen eines Fingers oft nicht möglich ist, oder an Stellen, wo wir der beschränkten Localität wegen ebenfalls nicht daran denken können, die Dehnung digital vorzunehmen, empfiehlt sich — wie ich es häufig bei den Thierexperimenten zu thun genöthigt war — das Drunterführen eines dünnen Gummischlauches. Durch stärkeren Zug an dessen Enden können wir dann ebenfalls einen elastischen Zug — ohne Quetschung — am Nerven ausüben.

Nicht minder zweckmässig bei solchen für die Digitaldehnung nicht geeigneten Fällen ist die Anwendung einer Pincette, wie ich sie bei Fall 12 in Anwendung brachte: eine anatomische Pincette, an der die vorderen gerieften Enden durch eine Gummiauflage gedeckt sind. [1]) Für Thierexperimente hatte ich mir diesen Schutz schon häufig durch einfaches Umwickeln der Spitzen der Pincette mit einem schmalen Gummistreifen improvisirt.

Der letzte 3. Act vollführt sich in seiner ersten Maassnahme oft von selbst. Beim Nachlass des dehnenden Zuges geht beim Wechsel der bisher eingehaltenen Stellung des Gliedes auch der weiter hervorgetretene Nervenabschnitt zum grössten Theil zurück; ist dies bei der gewünschten Stellung nicht der Fall oder hat man an Körpergegenden operirt, an denen von einem Lagewechsel nicht wohl die Rede sein kann (z. B. Gesicht), so drückt man den hervorgezogenen Abschnitt sanft in seine Lage zurück und applicirt den entsprechenden Verband.

Der Deckverband ist für alle Fälle nach Lister's Methode zu wählen. Die Ausführung von Operation und Verband geschieht unter Spray, von der tiefsten Stelle der Wunde wird ein Drainagerohr nach aussen geleitet, die Wunde, wenn sie grösser ist, durch einige Suturen zum Theil vereinigt, die dann vorhandene äussere Wundöffnung mit einem Stückchen Protectiv bedeckt und die ganze Partie mit Carboloder Salicyljute eingehüllt. Ein solcher antiseptischer Verband ist durchaus erforderlich für unsere Zwecke, da wir rasche Heilung und möglichst lockere Narbenbildung an der Operationsstelle erzielen wollen. Beides erreichen wir durch den Lister'schen Verband in erwünschtester Weise. Eine treffende Illustration zu dem Heilungsverlauf gleicher Operationen der Nervendehnung bei der früher üblichen und der jetzigen Verbandmethode gewinnen wir bei einem vergleichenden Blick auf die Krankengeschichte Fall 1 und 8.

Im 1. Falle traten bald nach Bloslegung und Hervorziehen des N. ischiadicus Fieberbewegungen ein. (Temperatur 39,5 — 40.) Als Grund derselben stellte sich heraus eine Entzündung des Zellgewebes um den Ischiadicus, welche sich von der Operationswunde nach unten erstreckte. Eine ziemlich beträchtliche Eiterhöhle wurde nach Erweiterung des Schnittes nach unten um 6 Zoll freigelegt. Die ganze Wunde hatte nun 14 Zoll Länge und klafft weit. Obgleich die Heilung dadurch recht verzögert wurde, so war diese Incision doch nicht zu umgehen, ohne den Kranken der Gefahr einer intensiven pyohämischen Intoxication auszusetzen. Das Fieber fiel sofort ab. Die Heilung der grossen Wunde dauerte viele Monate, die Narbe

brach oft wieder auf, hinderte auch lange mechanisch die Streckung
des Knies. Erst nach etwa einem Jahre war die Heilung
der Wunde eine definitive (Billroth). Spätere Innervations-
störungen mussten auf ein festes Einwachsen des Nerven in der Narbe
bezogen werden und erheischten noch eine Nachoperation an der
peripher erkrankten grossen Zehe.

Während in ähnlicher Weise die Heilung bei Fall 2 sich in die
Länge zog, so dass nach 7 Wochen noch grosse Abscesse in der
Achselhöhle geöffnet werden mussten, nach 11 Wochen endlich die
Wunde bei dem sehr heruntergekommenen Patienten zur Heilung
kam, tritt bei der später ebenfalls von v. Nussbaum ausgeführten
vierfachen Dehnung der Nervi ischiadici und crurales beiderseits
bei streng Lister'scher Behandlung jedesmal in 14 Tagen
Heilung ein. In unserem Falle von Dehnung des Plexus brachialis
tritt ohne Fieberbewegung während des ganzen Verlaufes Heilung bis
zur vollen Vernarbung ebenfalls in 14 Tagen ein. Wir
müssen also als Bedingung zur sicheren und raschen Heilung den
sorgfältig ausgeführten antiseptischen Verband beanspruchen. Müsste
man den Patienten bei einer Dehnung des Ischiadicus den Chancen
eines Verlaufes, wie bei dem ersten Falle, und für eine Dehnung des
Plexus brachialis dem Risico einer Wundheilung, wie beim zweiten
Falle, aussetzen, so würden wir von vornherein die Operation solcher
Nervendehnungen nur bei directer vitaler Indication als ganz gerechtfertigt ansehen können! Bei Befolgung der heute maassgebenden
Operations- und Nachbehandlungsgrundsätze können wir aber durchaus jede solcher Operationen als einen ungefährlichen und wie wir
sahen, meist rasch und ohne Zwischenfall heilenden Eingriff hinstellen.

Von nicht weniger Bedeutung nicht nur für eine leichte und
exacte Ausführung der Operation, sondern auch Mitbedingung zur
Erzielung eines günstigen Heilresultates ist aber endlich die Wahl
der zweckmässigsten Stelle zur Vornahme der Operation.

Oft wird zwar von einer freien Wahl im Verlaufe eines Nervenstammes wenig die Rede sein, z. B. wo es sich um gleichzeitige
Lösung von Verwachsungen u. s. w. handelt, wird die Stelle der
Operation schon an und für sich geboten sein. Wo dies aber nicht
der Fall ist, thun wir entschieden gut, uns an bestimmte Stellen, in
denen die Operation leicht, sicher und ohne erhebliche Nebenverletzungen ausgeführt werden kann, zu halten, ja oft werden wir selbst
bei vorausgegangener Loslösung des Nerven an einer durch örtliche
Verhältnisse indicirten Stelle noch die Dehnung an einer central ge-

legenen „typischen Dehnungsstelle“ hinzufügen. Beispiele hierfür geben mehrere der oben referirten Krankengeschichten.

Aber nicht nur die Wahl des Ortes, sondern auch die Ausführung der Operation bedarf einer speciellen Bestimmung: wir werden vor allem jede nicht absolut gebotene Entblössung und Freilegung benachbarter wichtiger Theile — besonders also grösserer Gefässe — zu vermeiden suchen, um nicht durch Mitbetheiligung ihrerseits, abgesehen von etwaigen Blutungen gleich bei der Operation selbst, auch bei dem nachfolgenden Wundheilungsprocess zu vermeidende Complicationen zu schaffen. Bei Fall 3 stellt sich nach vorangegangener Dehnung des Plexus brachialis Nachblutung aus der post mortem als ulcerirt erkannten Vena jugularis ein! Durch Schnittführung und weitere Bloslegung in weniger naher Nachbarschaft dieser Gefässe hätte auch die Möglichkeit ihrer indirecten Läsion bedeutend ferner gelegen!

Von solchem Gesichtspunkte aus scheint es mir nicht überflüssig, eine topographische Skizze der typischen Bloslegungs- und Dehnungsstellen, wie sie sich mir als zweckmässigste nach den bisherigen Operationen am Patienten und zahlreichen Uebungen am Cadaver ergaben, folgen zu lassen. Die zur Orientirung beigefügten Holzschnitte sind nach den an der Leiche gemachten Bloslegungen gezeichnet.

I. Obere Extremität.

1. Vorderarm.

Die sehr leicht zugänglichen Stellen am Vorderarm für die Bloslegung der betreffenden Nervenstämme werden wir in Betracht ziehen, wenn es sich um Störungen innerhalb der peripheren Verbreitungen der Nerven an den Fingern und der Hand handelt, oder um directe Lösung der Nerven an den zu wählenden Stellen des Vorderarmes. Es betrifft dies aber nur den N. medianus und N. ulnaris; der Ast des N. radialis, welcher am Vorderarme in der oberflächlichen Schichte der Beugeseite herabsteigt, ist der dünne, meist ausschliesslich sensitive Ramus superficialis, welcher mit der A. radialis an der medialen Seite des M. supinator longus herabsteigt, aber sich in grösserer oder geringerer Entfernung über dem Handgelenke in den marginalen und dorsalen Ast theilt, so dass die Aufsuchung an dieser Stelle durchaus unsicher ist und auch immer nur einen Theil der peripheren Verbreitung des Radialis betreffen würde. Zur Orientirung

für den Medianus und Ulnaris dienen die am Carpus und Vorderarme unter der Haut sicht- und fühlbaren Knochenprominenzen und
Sehnencontouren, wie wir sie in Fig. 1 wiedergegeben finden.

Fig. 1.

Stelle zur Dehnung des Nervus
medianus.
A N. medianus, dicht neben dem
Relief der Sehne des Palmaris longus *B*. Neben dieser die Sehnen-
contour des M. flexor carpi radialis
C. *D*, dessen Insertion an der Eminentia carpi radialis des Daumenballens. *E* Eminentia carpi ulnaris.
F die von hier heraufziehende Sehne
des Flexor carpi ulnaris *G* Stelle
zur Blosslegung des N. ulnaris.

N. medianus.

An der Basis des Daumenballens tritt
die Prominenz der Eminentia carpalis radialis hervor (*D*), die durch die Tuberositas
ossis navicularis und ossis multanguli maj.
gebildet wird. Von diesem Vorsprung verfolgen wir nach aufwärts das Relief der
Sehne des Flexor carpi radialis, *C*, an deren
Radialseite wir bekanntlich die A. radialis
aufsuchen und würden wir also auch weiter
hinauf hier den dünnen sensitiven Ast des
N. radialis finden; dicht neben der Sehne
des Flexor carpi radialis tritt bei entsprechenden Handbewegungen die dünne
Sehne des Palmaris longus im ganzen
unteren Dritttheil der Beugeseite des Vorderarmes fast genau in der Mittellinie gelegen hervor (*B*). In diesem Bezirke legen
wir also durch einen Schnitt durch Haut
und Fascie dicht neben dem medialen Rande
des M. palmaris longus immer den N. medianus blos und können ihn mit dem Elevatorium leicht aus seiner Einscheidung
herausheben (*A*), um dann die Digitaldehnung zu machen.

N. ulnaris.

Im unteren Dritttheil des Vorderarmes
finden wir ebenfalls nur unter Haut und
Vorderarmfascie den N. ulnaris an der Radialseite der Sehne des
Flexor carpi ulnaris gelegen. Die Contour dieser Sehne können
wir deutlich von der Eminentia carpalis ulnaris (*E*), die durch das
Os pisiforme gebildet wird, nach aufwärts als derben Strang unter
der Haut verfolgen (*F*). Jedoch hat man an dieser Stelle (*G*) oft
schon nicht mehr den ganzen Stamm des N. ulnaris vor sich, da

der Ramus dorsalis in verschieden hoher Gegend ober halb des Handgelenkes sich abzweigt.

Wir würden also sicher am Vorderarme nur den ganzen Medianus,
abgesehen von den Muskelästen der Vorderarmflexoren, auffinden.
Während Ulnaris und vor allem Radialis als Stamm am Oberarme
aufzusuchen wären.

2. *Oberarm.*

N. ulnaris.

In der Haltung des Armes, wie sie durch Fig. 2 dargestellt wird,
finden wir ihn zwei Querfinger breit oberhalb des Epicondylus internus
humeri durch einen
Längsschnitt an der
Innenseite des Ober-
armes, der hier nur
Haut und oberfläch-
liche Fascie zu trennen
hat. Bleiben wir in
dieser Distance vom
Condylus internus, so
befinden wir uns in
weiter Entfernung vom
Gelenk und hat die
oberflächliche Weich-
theilverletzung in die-
ser Gegend keinerlei
Nachtheile zu befürch-
ten.

Fig. 2.

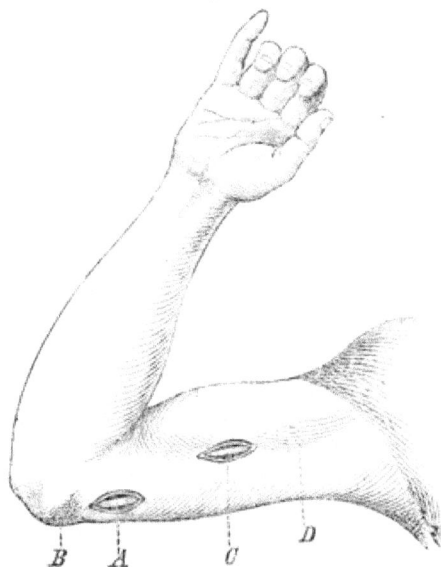

Stelle zur Dehnung des Nervus ulnaris und medianus.
A Nervus ulnaris, oberhalb des Condylus internus humeri B.
C Nervus medianus, dicht am Innenrande des Musculus biceps, D.

N. medianus.

In der Mitte des
Oberarmes finden wir
am Innenrande des M.
biceps (*D*), unter der Haut meist schon palpabel, den N. medianus
(*C*), den wir hier ebenfalls durch Längsschnitt durch Haut und Ober-
armfascie freilegen.

N. radialis.

Die sicherste und mit wenig Nebenverletzungen verbundene
Stelle zur Bloslegung des N. radialis finden wir an der äusseren

Seite des Oberarmes. Fig. 3. Genau in der Mitte der Distance
zwischen Condylus externus humeri und der Insertion des M. deltoideus wird an der Aussenseite des Oberarmes, im Sulcus bicipitalis
externus, eine 4 Ctm. lange Längsincision durch Haut und Fascie
gemacht. Der in die Wunde eingeführte Finger fühlt jetzt schon
den N. radialis, den er als festen Strang auf dem Humerusknochen hin
und her rollen kann. Man braucht hier (A) zwischen vorderen Rand
des M. triceps und hinteren Rand des M. biceps dann nur mit dem

Fig. 3

Elevatorium einige Fasern des
Triceps weiter nach hinten zu
drängen, um den Nervus radialis
in der nöthigen Ausdehnung blosgelegt zu haben. Dieses Ab-
drängen der Muskelfasern macht
man besser nicht mit schneiden-
dem Instrumente, um nicht un-
nöthig mit dem Messer die A.
collateralis radialis zu verletzen,
oder einen kleineren zum Radialis
ziehenden Ast dieses einzigen in
der Nachbarschaft liegenden grösseren Gefässes zu durchtrennen.

Diese Stelle ist zur Aufsuchung
des Radialis entschieden vortheilhafter, als die meist angegebene,
welche weiter aufwärts und unter
dem Triceps gelegen ist, und abgesehen von der grösseren Tiefe,
dadurch bedingten schwereren

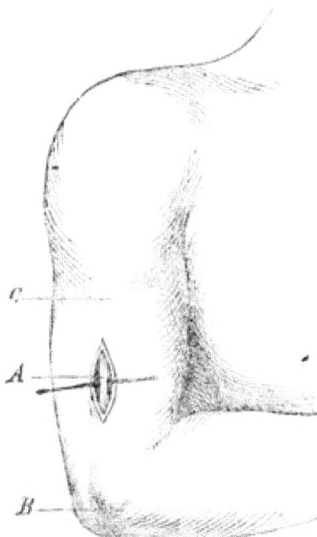

Stelle zur Dehnung des Nervus radialis.
A Nervus radialis in der Mitte zwischen dem
Condylus externus humeri B und des Insertion
des M. deltoideus C.

Orientirung, auch die genannte Gefässverletzung noch schwerer vermeiden lässt, oder gar Gefahr läuft, die A. brachialis profunda zu
lädiren.

Die bisher beschriebenen Stellen zur Bloslegung des Medianus,
Radialis, Ulnaris sind alle so oberflächlich gelegen, dass zum Verbande einfache Bedeckung mit antiseptischem Verband genügt, und
eine Drainage gar nicht oder nur auf 1—2 Tage nöthig ist.

3. Bloslegung des Plexus brachialis am Halse.

Da es den genaueren anatomischen Verhältnissen entsprechend
mir entschieden vortheilhafter erscheint, zur Vermeidung unnöthiger

Nebenverletzungen den Plexus brachialis nicht von einer nach den Regeln, welche zur Aufsuchung und Ligatur der A. subclavia gültig sind, ausgeführten Durchtrennung der Weichtheile ausgehend, sich zugängig zu machen, sondern von einem Längsschnitte aus direct auf den Plexus vorzugehen, so schildere ich diese Operation in ihren einzelnen Acten, wie sie durch Fig. 4 und 5 erläutert werden.

Fig. 4.

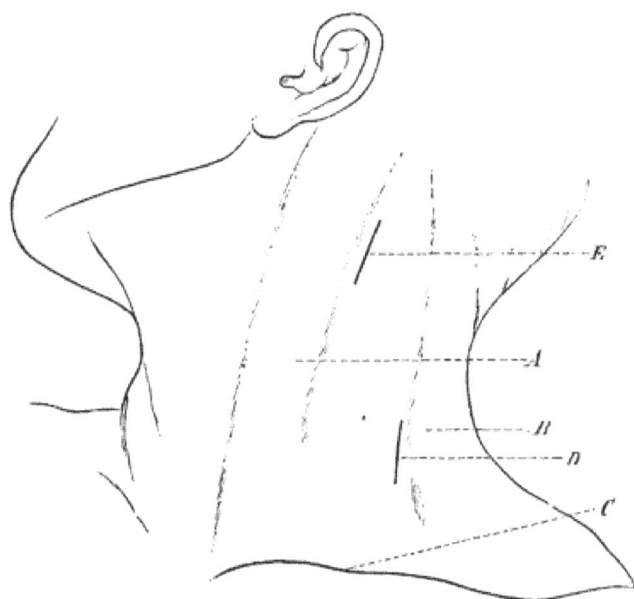

Einschnittstelle für die Bloslegung des Plexus brachialis *D* und Plexus cervicalis bei *E* innerhalb des vom M. sternocleidomastoideus (*A*), des M. cucullaris (*B*) und der Clavicula (*C*) gebildeten grossen Halsdreieckes.

Es wird der Patient mit erhöhtem Nacken in der Weise gelagert, dass zugleich die Schulter der entsprechenden Seite, auf welcher der Plexus aufgesucht wird, stark nach abwärts gedrängt wird, während der Kopf mit abgewandtem Gesicht nach der entgegengesetzten Seite gezogen wird. Bei mageren Individuen treten bei dieser Haltung die Begrenzungen des grossen Halsdreieckes stark hervor, bei reichliche- rem Fettpolster lassen sich dieselben wenigstens deutlich hindurch- fühlen; nach unten die Clavicula, nach vorne der hintere Rand des M. sternocleidomastoideus, nach hinten der vordere Rand des M. cu- cullaris (Fig. 4), zugleich kann man durch eine dicht oberhalb der Clavicula ausgeübte Digitalcompression sich das Relief der schräg vom Unterkieferwinkel zum mittleren Dritttheil des Schlüsselbeines herabsteigenden Vena jugularis externa hervortreten lassen, um dieselbe bei dem Einschnitte sicher zu vermeiden. Man macht jetzt eine **Längsincision** am vorderen Rande des M. cucullaris, die in einer Ausdehnung von 5 — 8 Ctm. nach abwärts läuft, so dass der untere Wundwinkel 3 Querfinger breit vom oberen Rande der Clavicula entfernt bleibt. Dieser Schnitt durchtrennt die Haut und das Platysma myoides. Nachdem auch die Fascie in gleicher Ausdehnung gespalten ist, lässt man die Wundränder weit auseinanderhalten und

Fig. 5.

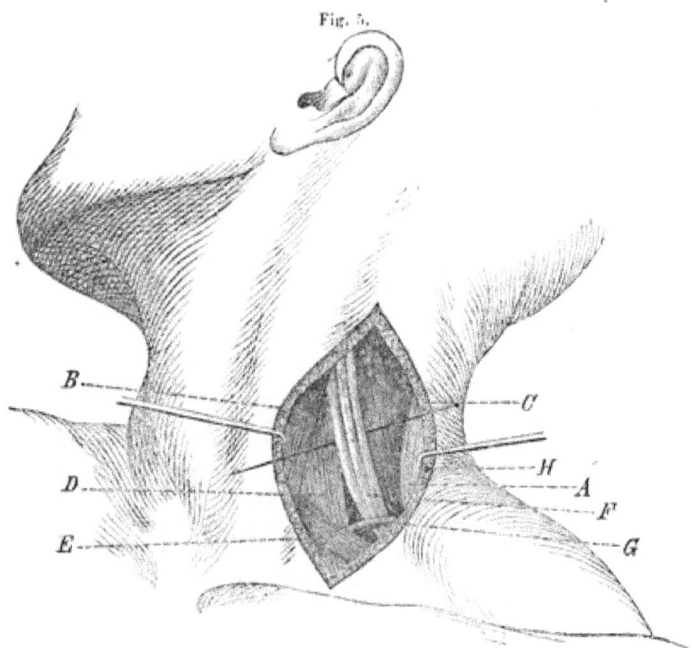

Der Plexus brachialis mit seiner Umgebung freipräparirt. *A* M. cucullaris. *B* M. sternocleidomastoideus. *C* M. scalenus medius. *D* Scalenus anticus. *E* M. omohyoideus. *F* Plexus brachialis. *G* A. transversa colli. *H* A. cervicalis superficialis.

geht mit Pincette und Scalpellstiel weiter in die Tiefe. Nach hinten liegt der vordere Rand des Cucullaris zu Tage, von dem man leicht an dem ihm dicht anliegenden Levator scapulae auf den davorliegenden Muskelbauch des Scalenus medius kommt. Zieht man nach unten die Theile weiter auseinander, so tritt der an dem Faserverlauf unschwer zu erkennende dünne Bauch des M. omohyoideus hervor, während man nach vorne hinter dem Rande des Sternocleidomastoideus sich den festen Strang des Scalenus anticus freilegt. Bei diesem Vorgehen mit stumpfen Instrumenten und dem Finger fühlt man schon deutlich die Stränge des Plexus brachialis, die jetzt nach Durchtrennung des bedeckenden Blattes der Halsfascie auch dem

Auge sichtbar werden in dem beiderseits vom Scalenus und unten
vom Omohyoideus begrenzten kleineren tiefen Halsdreieck. Fig. 5
stellt diese Verhältnisse im anatomischen Präparate dar. Zur Her-
vorhebung des Plexus bedürfen wir durchaus nicht einer solchen
Präparation mit dem Messer, sondern können nach dem genannten
Schnitt durch die bedeckenden Weichtheile lediglich mit stumpfen
Werkzeugen und dem Finger die Umgrenzung so weit herauslösen,
dass man zwischen Finger und stumpfem Haken den ganzen Plexus
hervorheben kann. Diese Art des Vordringens zum Plexus hat den
Vortheil, dass man erstens jede Gefässverletzung umgeht, mit Ausnahme der Durchtrennung der kleinen, quer durch die Mitte des
Operationsterrains verlaufenden und daher nicht zu schonenden A.
cervicalis superficialis, die schon bei der Durchschneidung des ersten
Blattes der Fascie durchschnitten wird (Fig. 5, *II*) und leicht gefasst
werden kann mit der Ligatur, die A. transversa colli bleibt unbe-
helligt im unteren Wundwinkel, hinter dem noch mehr in der Tiefe
verborgen die Arteria subclavia gar nicht zu Tage tritt, da wir auch
den am weitesten nach abwärts gelegenen, der Gefässcheide benachbarten Strang des Plexus uns mit dem Finger unschwer hervorziehen
können. Nachdem so der ganze Plexus auf den darunter geführten
hakenförmig gebogenen Zeigefinger gelagert weiter hervorgezogen
und in seiner Umgebung noch mehr isolirt ist, wird die Nervenscheide an der uns zugewandten Seite eingeschnitten und dann mit
Haken und Finger oder Pincette nach den Seiten hin abgelöst, so
dass man nun nach aufwärts die einzelnen Stränge bis zu den Quer-
fortsätzen der Halswirbel hinauf verfolgen kann, und dann die gewünschte Dehnung in centripetaler und centrifugaler Richtung voll-
zogen. Nach der Reposition der hervorgezogenen Nervenschlinge
wird ein dickes Drainagerohr in die Tiefe der Wunde bis auf den
Plexus eingelegt, am unteren Wundwinkel kurz abgeschnitten und
der antiseptische Verband in der Weise angelegt, dass über dem
Protectiv entsprechende, in der Fossa supraclavicularis zu beiden
Seiten der Wunde angedrückte Juteballen die Wundränder auch in
der Tiefe aneinander herandrücken. Beschleunigt man hierdurch
schon die Heilung ungemein, so kann man später bei fortschreitender
Granulation den rascheren Verschluss noch mehr begünstigen durch
Application einer entsprechend der Operationsstelle gekreuzten Gummi-
binde, durch die oft in ein paar Tagen die Granulationsränder so
aneinander herangelagert werden, dass sie rasch verkleben und man
hierdurch eine schmale und später mobile Narbe erzielt, was gerade bei
unseren Eingriffen von ausserordentlichem Vortheil erscheinen muss.

II. Hals und Kopf.

Wir hatten zwar den Plexus brachialis bereits am Halse aufgesucht, da aber seine Dehnung wesentlich noch als ein Eingriff auf
die obere Extremität anzusehen ist, zogen wir es vor, ihn bei Beschreibung der an dieser vorzunehmenden Nervendehnungen zu schil-
dern. Als speciell den Hals betreffend können wir nur hervorheben die

Bloslegung des Plexus cervicalis.

Da wir bei der Zusammenfassung der Indicationen von der Möglichkeit einer Dehnung der oberen Cervicalnerven sprachen, so wollen
wir auch das Terrain zur Aufsuchung derselben uns klarlegen, wie
es sich am zweckmässigsten nach zahlreichen Untersuchungen an der
Leiche präsentirt.

Fig. 6.

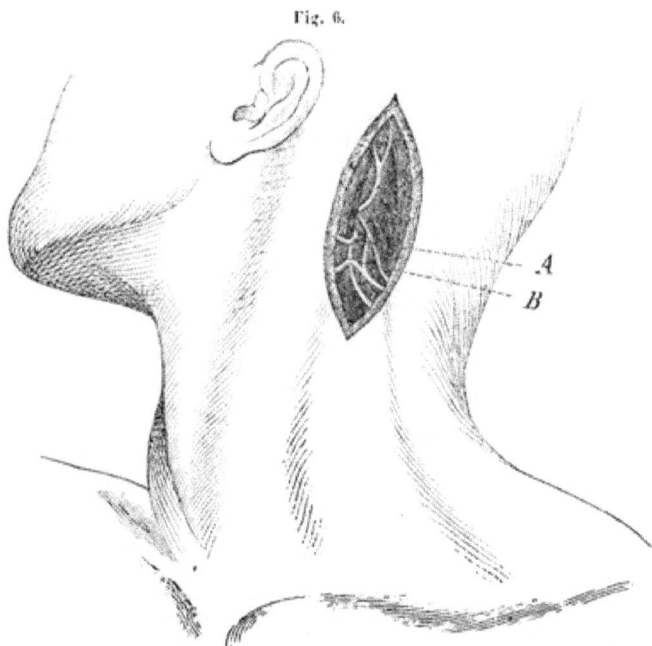

Stelle zur Dehnung des Plexus cervicalis. *A* N. auricularis magnus. *B* N. cervicalis tertius.

Bei starkem Zuge am Kopfe nach der der Operationsseite entgegengesetzten Richtung machen wir 3 Querfinger breit unterhalb
des Processus mastoideus am hinteren Rande des Musculus sternocleidomastoideus einen 5 Ctm. langen Einschnitt (Fig. 4, *E*). Wir
befinden uns nach Durchtrennung von Haut und Fascie an der Zu-

sammentrittsstelle des vorderen Randes des M. cucullaris und des hinteren Randes des M. sternocleidomastoideus. Den letzteren legen wir präparatorisch frei, trennen also auch das zweite Blatt der Fascie, um den Muskelbauch nach vorne ziehen zu können. Bei dem vorsichtigen, mit Pincette und Scalpell auszuführenden Freilegen des Muskelrandes tritt meist bald der sich von unten um den Rand herumschlagende und schräg nach aufwärts steigende N. auricularis magnus vor Augen. Verfolgt man diesen oder überhaupt irgend welche der auf dem M. sternomastoideus zu Tage tretenden Zweige weiter hinter und unter seinen Rand, so kommt man sicher auf den Stamm des N. cervicalis tertius (Fig. 6, *B*). Mit Pincette und Hohlsonde trennt man die Umgebung dann so weit auseinander, dass man zwischen Scalenus und Levator scapulae resp. Splenius colli mit dem Finger bis zur Austrittsstelle an der Wirbelsäule hinaufreicht. Den vierten N. cervicalis müsste man von hier aus am hinteren Rande des M. sternomastoideus abwärts gehend aufsuchen. Bei diesem vierten Cervicalnerven würde man sich speciell des abgehenden N. phrenicus zu erinnern haben, während man beim Hervorziehen des 3. N. cervicalis zugleich auf den N. accessorius wirkt.

Am Kopfe ist es vor allem das Gebiet der peripheren Verbreitung des N e r v u s t r i g e m i n u s, welches unsere Eingriffe in Anspruch nehmen muss. Die Bloslegung geschieht an den Stellen, welche für die Neurektomie an den betreffenden Zweigen eingebürgert sind.

a. N. supraorbitalis.

Man geht mit dem Finger palpirend am oberen Rande der Augenhöhle vom äusseren zum inneren Winkel entlang und entdeckt auf diesem Wege leicht am Uebergange des mittleren zum inneren Drittheil die Vertiefung, welche dem Durchtritt des Supraorbitalnerven entspricht. Dicht neben dieser mit der Fingerspitze fixirten Passage macht man einen L ä n g s s c h n i t t (Fig. 7, *A*), der vom Ansatz des Augenlides quer durch die Augenbraue nach aufwärts verläuft. Durch geringe Verschiebung dieses Schnittes, innerhalb dessen man oft noch einige Fasern des M. orbicularis durchtrennen muss, tritt der Nerv in die Wunde hinein. Nachdem eine Ligaturnadel unter denselben geschoben, wird er aus seiner Einschneidung weiter nach der Orbita hin herausgelöst und dann die Dehnung vorgenommen. Um dieselbe möglichst ergiebig auch in centrifugaler Richtung ausüben zu können, wird man sehr zweckmässig die Pincette mit Gummieinlage in den Spitzen der Branchen benutzen.

Als Verband genügt hier einfache Bedeckung mit einigen Schichten Borlint. Die untere Lage wird fest angedrückt und haftet durch das imbibirte Blut fest. Die oberste Schicht wird mit Collodium imprägnirt.

Fig. 7.

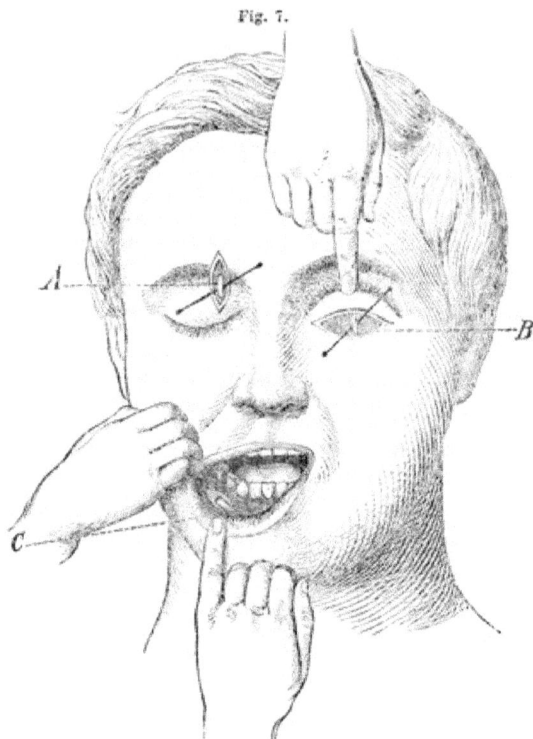

Bloslegung des N. supraorbitalis *A*. Des N. infraorbitalis *B*, Der Austrittsstelle des N. alveolaris inferior *C*.

Die Ausführung der Bloslegung des Nerven von einem in der Längsrichtung durch die Weichtheile geführten Schnitt empfiehlt sich entschieden mehr als die mit einer queren Incision. Bei dieser geschieht es ausserordentlich leicht, dass man den Nerven selbst durchtrennt, selbst wenn man am Orbitalrande selbst entlang einschneidet, da die Einbettung in die Furche hier sehr variabel an Tiefe ist.

b. Nervus infraorbitalis.

Die Bloslegung an der Austrittsstelle aus dem Canalis infraorbitalis geschieht durch einen Bogenschnitt, der dicht unter dem Margo infraorbitalis und parallel mit diesem geführt wird (Fig. 7, *B*). An der Grenze des mittleren und inneren Drittheils dieses Schnittes

lagert man die Weichtheile mit dem Elevatorium dicht auf dem
Kiefer hingleitend nach abwärts zurück und legt damit die büschel-
förmige Ausbreitung des Nerven frei. Auch wenn man nun den
Nervenstamm an dem Knochenrande des Infraorbitalcanals exact von
den hier nicht sehr festen Einscheidungen loslöst, so hat meiner
Ueberzeugung nach eine jetzt etwa vollzogene Dehnung meist keinen
Nutzen: ohne Aufmeisselung des Canals kann sich der Zug in centraler Richtung sicher nicht fortpflanzen. Es treten innerhalb des
Canals die Nn. alveolares vom Stamme des Infraorbitalis in den
Kiefer durch die entsprechende Canales alveolares hinein, durch
diese ist der Nerv selbst in seiner Passage wie mit Wurzeln fixirt
und kann von einer weiteren Fortpflanzung des Zuges füglich nicht
die Rede sein. Es empfiehlt sich daher entschieden, um sicher vorgehen zu können, die Bloslegung des Nerven innerhalb des Infraorbitalcanals nach der Methode von Wagner, die die wenigst ein-
greifende und doch freies Operationsfeld bietende ist. Mittelst des
entsprechend geformten griffelförmigen Hohlmeissels wird, während
das an der Orbitalinsertion losgetrennte untere Augenlid sammt dem
Bulbus durch das löffelförmige Speculum nach aufwärts gehalten und
zugleich der Canal selbst beleuchtet wird, letzterer in seiner ganzen
Ausdehnung aufgemeisselt und der Nerv dann mittelst des seitlich
abgebogenen Häkchens herausgezogen und von der Arterie event. isolirt.
Ist er mit dem Haken hervorgehoben, so kann mit der Pincette mit
Gummieinlage noch der gewünschte Dehnungsact vervollständigt
werden.

c. Nervus alveolaris inferior.

Die Bloslegung und Dehnung dieses Nerven an seiner Austrittsstelle aus dem Alveolarcanal stellt eine ausserordentlich einfache, als operativer Eingriff kaum schwerer wie eine Zahn-
extraction wiegende Operation dar, die dabei mit grosser Sicherheit
und Schnelligkeit auszuführen ist. Der Mundwinkel der entsprechenden Seite wird durch die Zeigefinger des Assistenten (in Fig. 7 ist
dieser Act durch die Hände des Patienten selbst ausgeführt) stark
nach aussen und abwärts gezogen. Unterhalb des 2. unteren Back-
zahns wird, etwas näher dem unteren wie dem Alveolarrande des
Unterkiefers gelegen, eine horizontal verlaufende Incision gemacht
von 2 Ctm. Ausdehnung, die Zahnfleisch und Periost durchtrennt;
hebt man jetzt den unteren Wundrand etwas mit dem Elevatorium
zurück, so liegt die Austrittsstelle des Nerven frei und sieht man
seine Verzweigung in die stark abgezogene Unterlippe hineintreten.

Nachdem jetzt der Nerv auf eine Ligaturnadel gelagert und etwas angezogen ist, wird seine feste Einscheidung am Knochenrande des Kiefercanals mit der Messerspitze abgelöst und kann er jetzt auf dem Haken oder der gepolsterten Pincette weit hervorgezogen werden. Sollte bei dem ersten Schnitt oder dem nachherigen Abtrennen am Foramen mentale (welches, beiläufig erwähnt, je älter das Individuum, um so näher dem Zahnrande gelegen ist) die Arteria alveolaris durchschnitten sein, so genügt ein von unten her ausgeführter Fingerdruck, um das Operationsfeld von der Blutung freizuhalten. Der nach exacter Lösung am Foramen mentale ausgeübte centrifugale Zug pflanzt sich weit in den Canal fort, wie ich aus Fensterungen, die ich am Cadaver durch Aufmeisselung an verschiedenen Stellen vornahm, wiederholt ersehen habe. Doch wird häufig genug diese Dislocation, die sich immerhin noch lange nicht bis an die Eintrittsstelle des Nerven in den Canal erstreckt, genügen, wir werden dann, nachdem dieser erste leichte und absolut unschädliche, auch in ambulanter Praxis ausführbare Versuch gemacht ist, noch einen zweiten Eingriff müssen nachfolgen lassen:

Bloslegung und Dehnung an der Eintrittsstelle.

Es geschieht dies nach der von Paravicini für die sogenannte intrabuccale Neurektomie angegebenen Methode.

Bei weit geöffnetem Munde (Fig. 8) palpirt man mit dem linken Zeigefinger den vorderen Rand des aufsteigenden Unterkieferastes vom letzten Backzahn aufwärts, oft fühlt man hierbei schon hinter dem Rande die durch den Vorsprung der sogenannten Lingula markirte Eintrittsstelle des Kiefercanals. Dieser entsprechend macht man hinter dem Rande des aufsteigenden Astes eine 2 Ctm. lange verticale Incision, welche durch die Schleimhaut, Muskel und Periost bis auf den Knochen dringt. Der hintere Wundrand wird nun mitsammt dem M. pteryg. int. mit dem Elevatorium nach hinten gedrängt. Man fühlt nun schon deutlich einen Strang, den man bis zur Lingula verfolgen kann; durch weitere Abhebelung mittelst des Elevatoriums kann man sich die Region auch für das Auge zugängig machen. Jedenfalls muss man den gefühlten oder gesehenen Strang bis zum Eintritt in den Kiefer verfolgen, da man sonst statt des beabsichtigten N. alveolaris den N. lingualis, der hier nur wenig nach hinten und innen vom Kiefernerven liegt, auf den Haken bekommt. (Den N. lingualis könnte man also ebenfalls von dieser Bloslegungsstelle aus attaquiren.) Man sucht noch den Nerven von der

Art. alveolaris mittelst eines (Schiel-) Häkchens zu isoliren und weiter hervorzuziehen (Fig. 8, *A*) event. noch direct centripetal und centrifugal zu dehnen.

Fig. 8.

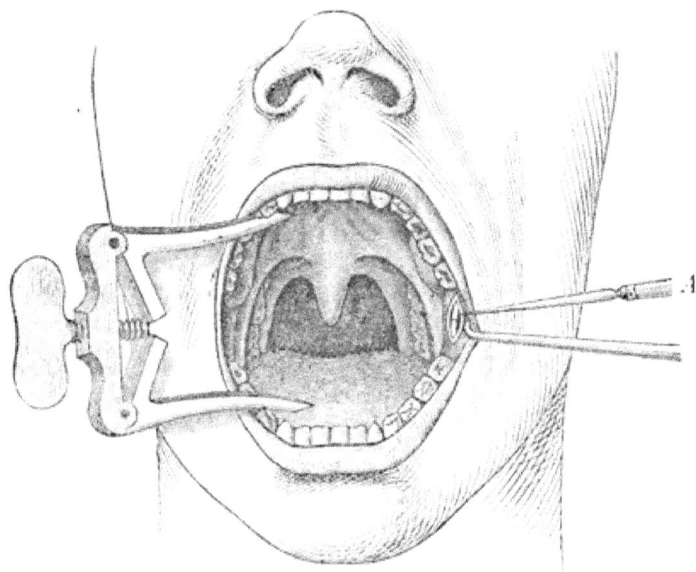

Bloslegangsstelle des N. alvcolaris inferior. An seiner Eintrittsstelle in den Kiefercanal.

Wie wir bereits bei Zusammenfassung der Indicationen erwähnten, wird man gerade bei diesen eben erwähnten drei Bloslegungen der Trigeminusäste: Supraorbitalis, Infraorbitalis, Mandibularis (event. auch Lingualis) mit der Dehnung auch nicht selten noch die Durchschneidung combiniren und würde diese Operation bei der Wahl der von uns geschilderten Methoden sofort dann hinzuzufügen sein als Neuro- oder Neurektomie. Die letztere könnte nach Schönborn's Verfahren am Alveolaris inferior bei dem beschriebenen Verfahren der doppelten Bloslegung den ganzen innerhalb des Canals gelegenen Abschnitt des Nerven betreffen.

III. Untere Extremität.

Was die Bloslegung der beiden Hauptnervenstämme am Fuss und Unterschenkel betrifft, so gilt hier von Peroneus und Tibialis das gleiche wie vom Radialis und Ulnaris am Vorderarme: sie könnte indicirt sein bei peripheren Zehenverletzungen im Gebiete eines der beiden Nerven oder bei directer Läsion eines Nerven am Unterschenkel; hier würde dann auch die Stelle zur Operation vorgeschrieben sein. Fällt die Wahl uns anheim, so werden wir von vorne herein lieber mehr central gelegene und dabei leicht zugängige Stellen bevorzugen.

Den N. tibialis könnte man oberhalb der für die Ligatur der A. tibialis postica hinter dem Malleolus internus vorgeschriebenen Stelle bloslegen, indem im unteren Drittheil des Unterschenkels hier der Nerv nach einem Längsschnitt durch Haut und Fascie in gleicher Distance vom hinteren Rande der Tibia und der Achillessehne leicht nach aussen von der Gefässscheide gefunden wird. Ebenso leicht ist derselbe in der Kniekehle zu finden. Ein in der Mitte derselben geführter 5 Ctm. langer Längsschnitt trennt Haut und oberflächliche Fascie; etwas erschwert wird das Vorgehen durch das nun folgende dicke Fettpolster, das mit Pincette und Scalpellstiel auseinandergedrängt wird. Sobald diese Schicht nach beiden Seiten auseinandergedrängt gehalten wird, fühlt man den Strang des N. popliteus und kann denselben durch den druntergeführten Wundhaken und später den Finger hervorziehen. Wegen der erheblichen Tiefe der Wunde ist nachfolgende Drainagirung durchaus nöthig.

N. peroneus.

Wir legen denselben am zweckmässigsten oberhalb seiner Theilung in den Ramus superficialis und R. profundus (s. N. tibialis anticus) blos.

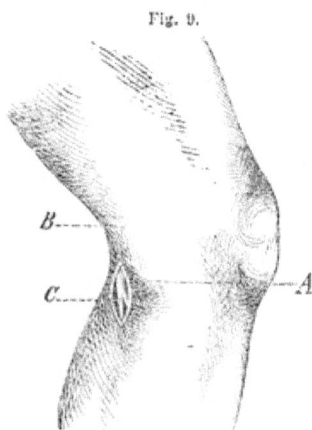

Fig. 9.

Stelle zur Dehnung des N. peroneus. A Capitulum fibulae. B Relief der Sehne des M. biceps femoris. C N. peroneus.

Wir fixiren uns durch Digitalpalpation das Capitulum fibulae und den von diesem Vorsprunge nach aufwärts ziehenden Strang der Bicepssehne (Fig. 9, A und B). Dicht hinter dem Fibulaköpfchen machen wir eine am inneren Rande der Bicepssehne 4 Ctm. nach aufwärts sich erstreckende Incision, durchtrennen mit derselben Haut und Fascie und entdecken, falls der Schnitt nicht unmittelbar auf den Nerv sollte geführt haben, sicher nach geringer Abhebung des hinteren Wundrandes unter und hinter dem Capitulum fibulae den N. peroneus, den wir mit Haken oder Elevatorium herausheben und nach Eintrennung der Scheide bei entsprechender Mittelstellung der unteren Extremität nach beiden Richtungen hin dehnen. Wenn nöthig lässt er sich leicht am inneren Bicepsrande weiter aufwärts in die Kniekehle verfolgen. Doch bleibt die oberflächlichst gelegene und zur Aufsuchung sicherste Stelle, die unmittelbar unter und hinter dem Wadenbeinköpfchen.

N. ischiadicus.

Die bisherigen Bloslegungen und Dehnungen des N. ischiadicus wurden insgesammt in der mittleren Glutealgegend zwischen Trochanter major und Tuber ischii vorgenommen.

Hier beim Ischiadicus muss ich bei der Bezeichnung der Operation die Bloslegung speciell hervorheben, denn wir können auch ohne solche eine sehr energische Dehnung des Nervenstammes erzielen. Bei der Beschreibung unserer Untersuchungen über die Dehnbarkeit der Nerven wurde der Thatsache Erwähnung gethan, dass wir bei bestimmter Stellung der unteren Extremität in Hüft- und Kniegelenk ausser Stande wären, den Nervus ischiadicus irgend wie merklich hervorzuziehen, da bereits das Maximum seiner Dehnbarkeit durch die eingenommene Körperstellung in Anspruch genommen sei; forciren wir nun diese Stellung, so können wir natürlich auch die Anspannung des Nerven steigern und würden also in diesem Falle den Nerven ohne Bloslegung ergiebig zu dehnen im Stande sein. Ich habe bei einem Falle von Ischias von diesem Verhältniss Nutzen zu ziehen versucht, indem ich den Patienten auf die gesunde Seite lagerte, auf der kranken Seite den Oberschenkel im Hüftgelenk rechtwinklig beugte, das Knie möglichst streckte und jetzt gleichzeitig die Beugung im Hüftgelenk und die Streckung im Kniegelenk zu steigern suchte; die normale Hemmung für die Steigerung dieser gleichzeitigen Bewegung wird ja bekanntlich durch die zweigelenkigen Beugemuskeln des Kniegelenkes gegeben, doch wird neben diesen bei der genannten Bewegungssteigerung auch der N. ischiadicus nicht unbeträchtlich angespannt. Es schien nach dieser forcirten Bewegung auch eine wesentliche Minderung der neuralgischen Schmerzen zu erfolgen, doch bin ich noch nicht in der Lage, einen dauernden Erfolg controlirt zu haben.[1])

---

1) Dass durch gewaltsame Bewegungen und Dehnungen der Glieder langdauernde und allen Mitteln trotzende Schmerzen auf „rheumatischem“ oder „arthritischem“ Leiden beruhend oft für immer beseitigt werden, war schon seit Jahrhunderten bekannt und hatte man namentlich zur Blüthezeit der Folter wiederholt solche Erfahrungen gemacht. Fabricius Hildanus gibt hierfür

Wenn nicht besondere Gründe für die Aufsuchung des N. ischiadicus hinter dem dicken Glutaealpolster vorliegen, so wird als zweck-
mässigere Stelle jedenfalls zu bevorzugen sein:

**Bloslegung und Dehnung des N. ischiadicus dicht unter
der Glutaealfalte. Fig. 10.**

An dieser Stelle haben wir den Vortheil der durchaus leichten
und sicheren Orientirung, relativ oberflächliche Lage, Vermeidung

Fig. 10.

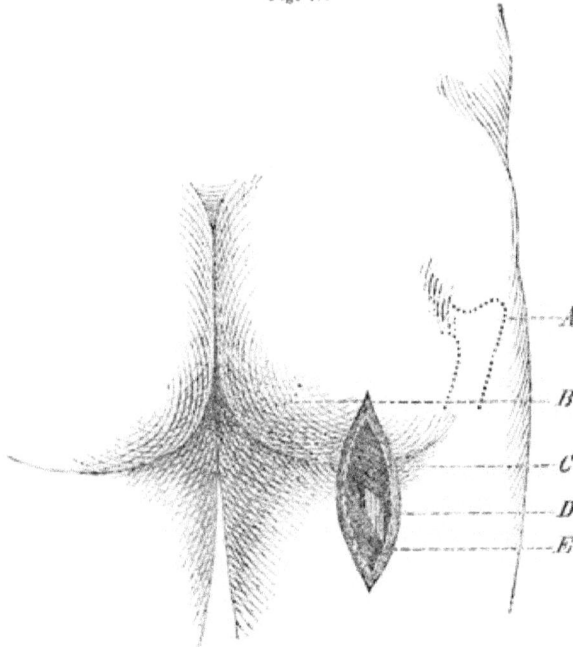

Stelle zur Dehnung des N. ischiadicus. *A* Trochanter major. *B* Tuber ischii in ihrer Lage
angedeutet. *C* M. glutaeus maximus. *E* M. biceps femoris. *D* N. ischiadicus.

mehrfache Belege. Unter dem Capitel „Arthritis inveterata tortura sa-
nata" hebt er hervor: Peccans enim ille viscosus et lentus humor, articulis li-
gamentis, nervis et juncturis tenaciter inhaerens et insidens medicamentis haud
tollitur nec radiciter evacuatur. Violenta tamen illa distorsione et ex-
pansione membrorum quae fit in tortura criminali penitus illam
sublatam fuisse tum ex quorundam virorum fide dignorum relatione habeo tum
etiam egomet in viro quodam observavi." Wenn wir hiermit also auch in mancher
Hinsicht in der gewaltsamen Gliederdehnung ein Seitenstück für die Wirkung
unserer Nervendehnung finden können, so wäre es durchaus unberechtigt, aus der
citirten Erwähnung „nervis" vermuthen zu wollen, dass F. H. etwa schon auf eine
directe Beeinflussung der Nerven durch die Dehnung hätte hindeuten wollen, da
„nervi" im Sinne der damaligen Nomenclatur hier sicher nichts anderes als „Sehnen"
bedeutet.

von Gefässverletzungen und gleichzeitig die Möglichkeit, den Nerv
mit Finger und stumpfem Instrument bis zur Beckenhöhle verfolgen
zu können.

Der Patient wird auf den Bauch gelagert, in der Glutaealgegend
das Tuber ischii und die Spitze des Trochanter major mit dem
Finger markirt und als Richtungslinie für die Incision eine Linie
gewählt, die von der Mitte der Distance zwischen Tuber und Trochanter nach der Mitte der Kniekehle gezogen wird. Als Ort innerhalb dieser Linie wählt man die Glutaealfalte, indem man in dieser
beginnend die Längsincision in genannter Richtung ca. 10 Ctm. nach
abwärts führt. Nach Durchtrennung der Haut und des immer sehr
dicken Fettpolsters kommt unter der Fascie der schräge Faserverlauf
des M. glutaeus max. zum Vorschein, dessen unteren Rand (es liegt
derselbe nicht in der Glutaealfalte, sondern abwärts von ihr, Fig. 10, *C*)
man freilegt. Wird dieser untere Rand nun mit dem Wundhaken
nach aufwärts gezogen, so wird innerhalb der Wunde deutlich die
langgefaserte Muskelschicht des Biceps femoris, der nach oben und
medianwärts sich unter den Glutaeus zieht. Drängt man diese beiden
Muskeln nun nach Durchtrennung des Zwischengewebes auseinander,
so erkennt man den vertical herabziehenden fingerdicken Strang des
N. ischiadicus (Fig. 10, *D*). Während die Wundränder mit den beiden
Muskeln nach oben und unten stark auseinander gehalten werden,
wird der Nerv mit dem Haken umgangen, herausgehoben und somit
der weiteren Freilegung zugänglich gemacht. Man kann ihn mit
Finger und Elevatorium unter dem Glutaeus weit nach aufwärts verfolgen, so dass man deutlich unter den Rand des M. pyriformis in
die Incisura ischiadica vordringen kann. Wir kommen also von
dieser Stelle aus wohl meist so weit, wie eine Lockerung des Nerven
behufs weiterer Dehnung überhaupt erforderlich ist, und brauchte
wohl nur, wenn direct die Durchtrittsstelle aus der Incisura ischiadica visitirt werden müsste, die Freilegung des Nerven an dieser
durch den in der Mitte des Gesässes geführten Schnitt bevorzugt
werden und dann in der Weise verfahren werden, wie es die referirten Operationen von Billroth und v. Nussbaum ergaben. Ent-
nimmt man aus der ersteren die naheliegende Möglichkeit der Eitersenkung unter dem Glutaeus an der Nervenumhüllung entlang nach
dem Oberschenkel, so wird auch hierin ein neues Moment zur Be-
vorzugung der von uns angegebenen Stelle gewonnen sein. Nach
Einlegung einer Drainage bis in den am weitesten aufwärts gelegenen Punkt in der Wundhöhle ist hier der Senkung leicht vorgebeugt.

Wir haben hiermit in kurzem Abriss einen Ueberblick über die
hauptsächlich zur Vornahme der Nervendehnung in Frage kommenden Körperbezirke gewonnen.

Die Operation selbst stellt in ihrer Ausführung und Wirkungsweise keinen zerstörenden, sondern einen erhaltenden Eingriff dar.
Wir sind daher wohl berechtigt, sie als ein wenn auch kleines doch
beachtenswerthes Glied in die Kette derjenigen Operationen einzu-
fügen, welche die „conservative Richtung", der neueren Chirurgie ge-
schaffen und cultivirt hat. Kann das Glied auch bis jetzt keineswegs als in seiner Form geschlossen gelten, so verleihen ihm doch
die vorstehenden Zeilen vielleicht mehr Festigkeit und Halt, als es
bisher besessen:

„Salvo errori salvo meliori".

Nachweis der Literatur nach der im Texte gegebenen Reihenfolge.

Harless und Haber, Zeitschr. f. rat. Medic. 1859. Bericht über die
  Fortschritte der Anat. f. 1858. S. 446 und 447.
Valentin, Versuch einer physiolog. Pathologie der Nerven. 2. Abth.
  1864. S. 210. 399.
Schleich, Versuche über die Reizbarkeit der Nerven im Dehnungs-
  zustande. Zeitschr. f. Biologie. 1871. Bd. VII. S. 379 ff.
Tutschek, Ein Fall von Reflexepilepsie, geheilt durch Nervendehnung.
  Inaug.-Dissert. München 1875.
Conrad, Experimentelle Untersuchung über Nervendehnung. Inaug.-
  Dissert. Greifswald 1876.
Valentin, l. c. § 99.
Tillaux, Des affections chirurgicales des nerfs. Paris 1866. Ref. in
  Schmidt's Jahrb. 1867. II. S. 131.
Harless, Ueber die Bedeutsamkeit der Nervenhüllen. Zeitschr. f. rat.
  Medic. 1858. S. 168 ff.
Sappey, Journal de l'anatomie et de la physiol. 1868. p. 471.
Key und Retzius.
Klemm, Ueber Neuritis migrans. Inaug.-Dissert. Strassburg 1874.
Vogt, Beitrag zur Neurochirurgie. Deutsche Zeitschr. f. Chirurgie.
  1876. VII. S. 158.
Brown-Séquard's Experiment, citirt von Létiévant, Traité des
  sections nerveuses. Paris 1873. p. 321.
Arloing et Tripier, Recherches expérimentales et cliniques sur la
  pathogénie et le traitement du Tetanos. Archives de physiolog. 1870.
  p. 237—246.
Nothnagel, Ueber Neuritis in diagnostischer und patholog. Beziehung.
  Sammlung klin. Vorträge von R. Volkmann. 1876. Nr. 103.
Tiesler, Ueber Neuritis. Inaug.-Dissert. Königsberg 1869.
Feinberg, Ueber Reflexlähmung, eine experimentelle Studie. Berl. klin.
  Wochenschr. 1871. Nr. 41, 42, 45, 46.
Billroth, Archiv f. klin. Chirurgie von Langenbeck. 1872. Bd. XIII.
  S. 379—395.

80 Nachweis der Literatur nach der im Texte gegebenen Reihenfolge.

    erfolgreiche Operation. Deutsche Zeitschr. für Chirurgie. 1872. I.
    S. 450—465.
Gärtner, ibid. S. 462.
Patruban, Bloslegung und Dehnung des grossen Hüftnerven. Aus der
    allgem. Wiener med. Ztg. ref. im Centralbl. f. med. Wissensch. 1873.
    S. 254.
Vogt, Berlin. klin. Wochenschr. 1871. S. 22.
v. Nussbaum, Die chirurg. Klinik in München im Jahre 1875.
Callender, Fall von Neuralgie durch Dehnung des Nerven geheilt.
    Aus Lancet I. 26 June 1875 ref. in Schmidt's Jahrb. 1876. 169.
    S. 50.
v. Nussbaum, Nervendehnung bei centralem Leiden. Klin. Mittheilg.
    München 1876.
Vogt, Nervendehnung bei traumat. Tetanus. Centralbl. für Chirurgie.
    1876. Nr. 40.
Kocher, Ueber Tetanus „rheumaticus“ und seine Behandlung. Sep.-A.
    a. d. Corresp.-Bl. f. schweizer. Aerzte. Jahrg. VI. 1876. S. 2—5.
Petersen, Zur Nervendehnung. Centralbl. f. Chirurgie. 1876. Nr. 49.
Uspensky, Versuch einer Pathologie der Neuralgien. Deutsch. Arch.
    für klin. Medic. XVIII. 1. S. 40.
Rose, Ueber den Starrkrampf. Handb. d. Chirurgie von Pitha u. Billroth.
    I. 2. S. 93.
Harless, l. c. S. 187.
O. Weber, Handb. von Pitha und Billroth. II. 2. 223.
Westphal, Ueber künstliche Erzeugung von Epilepsie bei Meerschwein-
    chen. Berlin. klin. Wochenschr. 1871. S. 449.
Nothnagel, l. c. S. 847.
Wagner, Ueber nervösen Gesichtsschmerz und seine Behandlung durch
    Neurektomie. Langenbeck's Archiv. 1869. XI. S. 63.
Aus der Klinik von Schönborn, Resection des N. alveol. inf., mit-
    getheilt von Dr. Stetter. Berlin. klin. Wochenschr. 1875. S. 17.
Guilelmi Fabricii Hildani observat. et curat. chirurgic. centuriae
    omnes. observ. LXXIX. p. 92.

Erklärung der Tafel.

Fig. 1. Querschnitt des normalen N. ischiadicus vom Hunde. Injicirt mit Thiersch'scher Masse. Hartnak Oc. 3. Syst. 4.

Fig. 2. Querschnitt des gedehnten N. ischiadicus vom Hunde. Injection und Vergr. wie bei Fig. 1.

Fig. 3. Neurilem vom normalen Plexus brachialis des Hundes. Injection mit Thiersch'scher Masse. Oc. 4. - Syst. 1.

Fig. 4. Neurilem vom gedehnten Plexus brachialis.

Fig. 5. 6. 7. Peripherer Längsschnitt von der Theilungsstelle des N. ischiadicus beim Hunde.

Fig. 5. Vom normalen Nerven.

Fig. 6. Vom gedehnten Nerven.

Fig. 7. Vom entzündeten Nerven.

Druck von J. B. Hirschfeld in Leipzig.

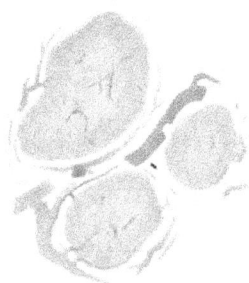

www.ingramcontent.com/pod-product-compliance
Lightning Source LLC
Chambersburg PA
CBHW021952190326
41519CB00009B/1227